胡慧建 金崑 田园 ◎主编 马建章 刘务林 ◎主审

珠穆朗玛峰

国家级自然保护区陆生野生动物

Species Diversity of Terrestrial Animals in
Mt. Qomolangma National Nature Reserve

SPM 南方出版传媒
广东科技出版社 | 全国优秀出版社
·广州·

图书在版编目（CIP）数据

珠穆朗玛峰国家级自然保护区陆生野生动物 / 胡慧建，金崑，田园主编 . —广州：广东科技出版社，2016.10

ISBN 978-7-5359-6532-5

Ⅰ. ①珠… Ⅱ. ①胡…②金…③田… Ⅲ. ①珠穆朗玛峰－自然保护区－野生动物－研究 Ⅳ. ① Q958.527.5

中国版本图书馆 CIP 数据核字（2016）第 131068 号

珠穆朗玛峰国家级自然保护区陆生野生动物

责任编辑：罗孝政
装帧设计：柳国雄
责任印制：彭海波
责任校对：陈　静
出版发行：广东科技出版社
　　　　　（广州市环市东路水荫路 11 号　邮码：510075）
http://www.gdstp.com.cn
E-mail: gdkjyxb@gdstp.com.cn（营销中心）
E-mail: gdkjzbb@gdstp.com.cn（总编办）
经　　销：广东省新华发行集团股份有限公司
印　　刷：广州市岭美彩印有限公司
　　　　　（广州市荔湾区花地大道南海南工商贸易区 A 幢　邮政编码：510385）
规　　格：889mm×1 194mm　1/16　印张 15.5　字数 375 千
版　　次：2016 年 10 月第 1 版
　　　　　2016 年 10 月第 1 次印刷
定　　价：180.00 元

如发现因印装质量问题影响阅读，请与承印厂联系调换。

《珠穆朗玛峰国家级自然保护区陆生野生动物》
编　委　会

领导小组组长：雷桂龙

领导小组执行组长：宗　嘎

主　　编：胡慧建　金　崑　田　园

主　　审：马建章　刘务林

编　　委：（按姓氏拼音排序）

　　　　　曹宏芬　曹天堂　次桑嘎玛　胡慧建　胡一鸣

　　　　　黄志文　金　崑　拉巴次仁　李炳章　李嘉慧　李晶晶

　　　　　梁健超　林宜舟　刘　旭　罗　丹　潘虎君　潘新园

　　　　　彭波涌　普　穷　覃海华　田　园　王　斌　韦启浪

　　　　　吴建普　徐　健　杨　畅　姚志军　袁倩敏　卓　嘎

统　　稿：胡一鸣　覃海华　曹宏芬　黄志文

图片编辑：徐　健　曹宏芬　李嘉慧

文字校对：丁志锋　刘曦庆

资助项目：广东省科技计划项目（2013B061800042）
　　　　　国家自然科学基金项目（No.31400361）

珠穆朗玛峰 摄影/胡慧建

本 书 承

广东省优秀科技专著出版基金会推荐并资助出版

广东省优秀科技专著出版基金会

广东省优秀科技专著出版基金会

顾问：（以姓氏笔画为序）
　　　王　元　卢良恕　伍　杰　刘　杲
　　　许运天　许学强　许溶烈　李　辰
　　　李金培　李廷栋　肖纪美　吴良镛
　　　宋叔和　陈幼春　周　谊　钱迎倩
　　　韩汝琦

评审委员会
主任：谢先德
委员：（以姓氏笔画为序）
　　　丁春玲　卢永根　朱桂龙　刘颂豪
　　　刘焕彬　李宝健　张景中　张展霞
　　　陈　兵　林浩然　罗绍基　钟世镇
　　　钟南山　徐　勇　徐志伟　黄达全
　　　黄洪章　崔坚志　谢先德

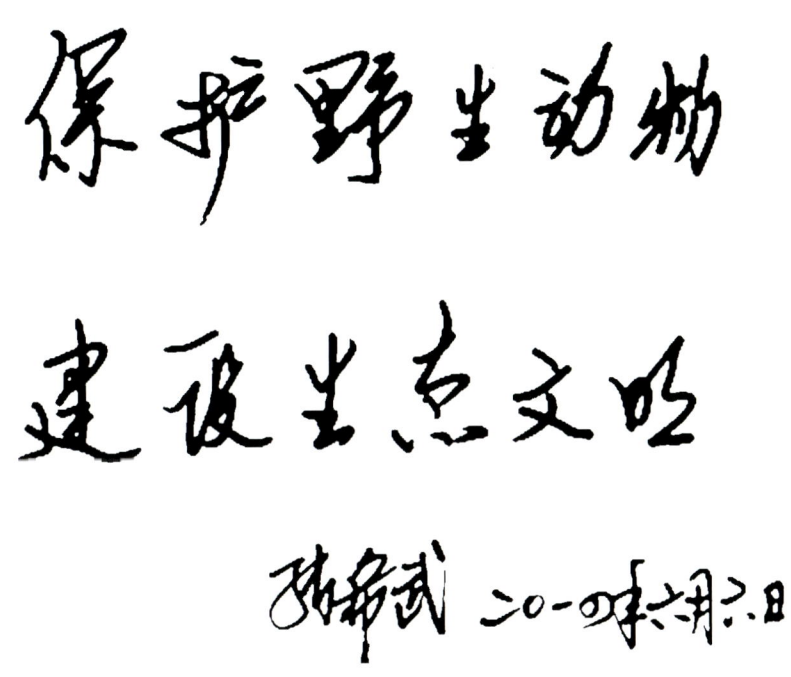

国家林业局野生动植物保护与自然保护区管理司张希武司长题词

摄影 / 韦启浪

序言
Preface

  2.8 亿年前，青藏高原地区还只是一片汪洋大海，到了距今 6 500 万至 5 000 万年前，印度板块开始以较快的速度向北漂移，并最终撞上欧亚大陆。受到挤压的古海洋逐渐萎缩消亡，喜马拉雅山脉迅速隆起，一举成为地球上最高的山脉。

  从南迦巴瓦峰至南迦帕尔巴特峰，喜马拉雅山脉绵延数千千米，在中国、印度和尼泊尔等国之间构筑起一道天然的屏障。在整条山脉的中段，有一片地球上最高的生物庇护所——珠穆朗玛峰国家级自然保护区（以下称珠峰保护区）。珠峰保护区是整个喜马拉雅山脉的最高部分，养育着种类丰富的野生动植物，源远流长的人类文化长期以来与生活在此的生灵和谐共处相辅相成。尽管这里只占中国国土面积的 0.3% 左右，但却为多达 11% 的动植物物种提供了栖息之所，使这片看似荒衷的高原成为全球最高的生命源泉。

  珠峰保护区地质地貌环境复杂，在一望无际的荒原和跌宕起伏的山川中还点缀着冰川、河流、湖泊、山谷、森林、沙漠等极具特色的生境，形成了一幅大尺度的地貌格局。珠峰保护区的平均海拔超过 6 000 米，拥有全世界 14 座 8 000 米以上山峰中的 5 座以及为数众多的 7 000 米以上的山峰，其中包括喜马拉雅山脉的主峰——世界第一高峰珠穆朗玛峰（8 844.43 米）、世界第四高峰洛子峰（8 501 米）、世界第五高峰马卡鲁峰（8 407 米）、世界第六高峰卓奥友峰（8 153 米）以及世界第十四高峰希夏邦马峰（8 012 米），是全球海拔最高、相对高差最大、全世界生物多样性最丰富的地区之一。丰富的地貌引发多样的气候,珠峰南、北坡的气候在海拔梯度上产生了明显的差异,在多达7 000余米的垂直高差上既呈现出从完整的中山到极高山的自然地带变化,又表现出从热带、亚热带到寒带之间的气候特征。

珠峰南坡的高山峡谷区沟谷幽深,山脉南侧自西向东被数条沟谷纵切,形成了细长的峡谷地带,属高山峡谷湿润森林区,呈现海洋性季风气候。南坡属常绿雨林高山针叶林及高山植被区,拥有大面积的原始森林和数量众多的濒危野生动植物,直插入云的巨大山峰拦截了北上而来的印度洋季风云团,迫使它们在爬升的过程中形成降雨,为峡谷带来蓬勃绿意,使其真正成为野生生物的乐园。

珠峰北坡的藏南山原、宽谷湖盆区海拔多在4 000米以上,地势广阔平坦。这里气候寒冷干燥,植被稀少,属荒漠和草甸草原区。这是由于印度洋暖湿气流在持续北上的过程中,受到山群的重重阻挡后耗尽大量水分,气流下沉绝热增温产生焚风效应,加剧了北坡气候的旱化,呈现大陆性高原气候特点。其冰川融水和众多的高原湖泊是整个珠峰地区的命脉,它们不仅滋养着大地万物,也维持着高原上的生态平衡。

珠峰地区在动物地理区上位于古北界和东洋界的交错地带,南、北两坡的物种组成存在较大差异,生态系统垂直分带极其明显。与世界上的其他自然保护区相比,这里的野生物种种类众多,不仅具有高原性特点,还同时兼有热带和亚热带综合特色。其中,北坡地区发育着高寒灌丛草原生态系统,动物区系以古北界物种为主,物种组成相对单一,但分布范围和数量较大,以藏野驴、西藏沙蜥等高原物种居多;还含有较多的高原特有物种,如雪豹、黑颈鹤等,整体表现出西藏南部区域的鲜明特点。

南坡地区处在喜马拉雅山脉核心地区,具有典型的高山峡谷地貌特征。河谷中发育着喜马拉雅南坡湿润山地森林生态系统,动物区系以东洋界成分为主,种类丰富而种群数量小,以猕猴、小熊猫、赤麂、火尾太阳鸟等亚热带物种居多,同时还含有较多的喜马拉雅特有物种,如喜山长尾叶猴、喜马拉雅麝、喜马拉雅塔尔羊等,整体表现出喜马拉雅高地的鲜明特色。区内还分布着雪豹、胡兀鹫、金雕、棕尾虹雉、藏原羚、盘羊等数量较多的珍稀濒危物种,是不可多得的天然物种基因库。野生生物物种的丰富性,充分说明珠峰地区在整个青藏高原地区,乃至在全球生态上的重要生态地位。

珠峰这座野生生物天堂面纱的揭开,要感谢本书的作者以及珠峰野生动物科考队员们卓有成效的工作。他们在国家林业局、西藏自治区林业厅、西藏自治区林业调查规划研究院和珠峰保护区的资助和帮助下，开展了艰苦卓绝的科考工作。他们长途跋涉在荒凉广漠的喜马拉雅山北部地区追寻藏野驴、雪豹的踪迹，翻山越岭于沟谷纵横的南部峡谷地带不断发现新的生命。正是他们的努力，才使我们认识到一个全新的、富有生命力的珠峰；正是他们的努力，才将珠峰地区的野生动物种类记录提升到了500多种，成为西藏动物多样性最丰富的地区和名副其实的全球生物多样性中心之一；正是他们的努力，才更充分说明珠峰是中国，乃至中亚地区物种的交流地；正是他们的努力，让我们明白珠峰地区巨大的垂直变化给生命以多样化的形式，也造就了独特的垂直分布模式。

我相信和祝福科考队员们在已取得成绩的基础上继续努力，会继续发现和发掘珠峰宝贵的生态和生物认知，为国家和人类发展做出积极贡献。唯有认识，才有关心；唯有关心，才有行动；唯有行动，才有希望。在此，我呼吁社会各界通过本书重新认识珠峰，继续关心和支持科考队员的努力工作，继续关注和参与珠峰的保护。让我们行动起来，为珠峰的保护与发展创造新的希望，开拓新的未来！

2015 年 12 月于拉萨

摄影 / 彭波涌

目录
Contents

第一章
保护区概况 / 001

第二章
自然概况 / 009

    1　地质地貌 ································· 012
    2　气候 ······································· 014
    3　水文 ······································· 014
    4　土壤 ······································· 014
    5　植被 ······································· 018
    6　南翼概况 ································· 018
    7　北翼概况 ································· 025

第三章
科考历史 / 029

    1　两栖和爬行类 ························· 031
    2　鸟类 ······································· 032
    3　哺乳类 ··································· 032

第四章
动物资源 / 035

- 1　概况 ·· 036
- 2　两栖类 ··· 037
    - 2.1　研究方法 ··· 037
    - 2.2　结果 ·· 038
    - 2.3　讨论 ·· 041
    - 2.4　典型物种 ··· 042
- 3　爬行类 ··· 047
    - 3.1　研究方法 ··· 047
    - 3.2　结果 ·· 047
    - 3.3　讨论 ·· 050
    - 3.4　典型物种 ··· 052
- 4　鸟类 ·· 061
    - 4.1　研究方法 ··· 061
    - 4.2　结果 ·· 063
    - 4.3　讨论 ·· 082
    - 4.4　典型物种 ··· 084
- 5　哺乳类 ·· 156
    - 5.1　研究方法 ··· 156
    - 5.2　结果 ·· 158
    - 5.3　讨论 ·· 165
    - 5.4　典型物种 ··· 168

第五章
评价与建议 / 199

- 1　资源评价 ··· 201

2 保护建议 ··206

参考文献 ···213
附录Ⅰ　珠穆朗玛峰国家级自然保护区物种名录 ·····································217
附录Ⅱ　珠穆朗玛峰国家级自然保护区功能区划图 ·································228

CONTENTS

CHAPTER 1
General Background / **001**

CHAPTER 2
Profile of the Natural Environment / **009**

    1 Geological Features ·· 012
    2 Climate ·· 014
    3 Hydrological Condition ·· 014
    4 Soil ··· 014
    5 Vegetation ·· 018
    6 Overview of the South Slope ·· 018
    7 Overview of the North Slope ·· 025

CHAPTER 3
Scientific Expedition History in the Nature Reserve / **029**

    1 Amphibians and Reptiles ··· 031
    2 Aves ··· 032
    3 Mammals ·· 032

CHAPTER 4
Wildlife Resources / **035**

    1 Overview ··· 036

2 Amphibia ·· **037**

2.1 Methods ·· 037

2.2 Results ·· 038

2.3 Discussions ·· 041

2.4 Typical Species ··· 042

3 Reptilia ·· **047**

3.1 Methods ·· 047

3.2 Results ·· 047

3.3 Discussions ·· 050

3.4 Typical Species ··· 051

4 Aves ·· **061**

4.1 Methods ·· 061

4.2 Results ·· 063

4.3 Discussions ·· 084

4.4 Typical Species ··· 155

5 Mammalia ·· **156**

5.1 Methods ·· 156

5.2 Results ·· 158

5.3 Discussions ·· 165

5.4 Typical Species ··· 168

CHAPTER 5
Review and Proposals / 199

1 Resources Evaluation ··· 201

2 Conservation ·· 206

References ··· 213

Appendix 1　**Checklists of Mt. Qomolangma National Nature Reserve** ············ 217

Appendix 2　**Zoning Map of Mt. Qomolangma National Nature Reserve** ········ 228

摄影 / 胡慧建

第一章
保护区概况
CHAPTER 1
General Background

摄影 / 彭波涌

摄影 / 田园

珠穆朗玛峰自然保护区于1988年经西藏自治区人民政府正式批准成立。1989年，珠峰保护区管理局和定日管理分局相继建立，随后又成立了吉隆、聂拉木、定结管理分局。1994年，经国务院正式批准成立珠穆朗玛峰国家级自然保护区（以下简称珠峰保护区）。

珠峰保护区位于西藏中南部的喜马拉雅山脉中段，总面积为32 681.53千米^2，界于北纬7°48′~29°12′，东经84°27′~88°00′之间，南与尼泊尔联邦民主共和国交界，北至雅鲁藏布江（吉隆县境内）和藏南分水岭（定日县境内），东起拿当曲与哈曲分水岭、朋曲支流——雅鲁藏布江与吉布弄下游分水岭以及彭作浦曲与拉冬扎乌河分水岭为界，西抵阿母嘎曲、瓮布曲与桑卓曲、希哟得藏布分水岭，大致可沿希夏邦马峰—卓奥友峰—珠穆朗玛峰—马卡鲁峰一线分为南、北翼两大区域。

在景观区划上，珠峰保护区分属喜山南麓和北麓景观区；综合自然区划上属青藏

摄影/田园

摄影/田园

摄影/彭波涌

摄影/黄立

摄影 / 黄立

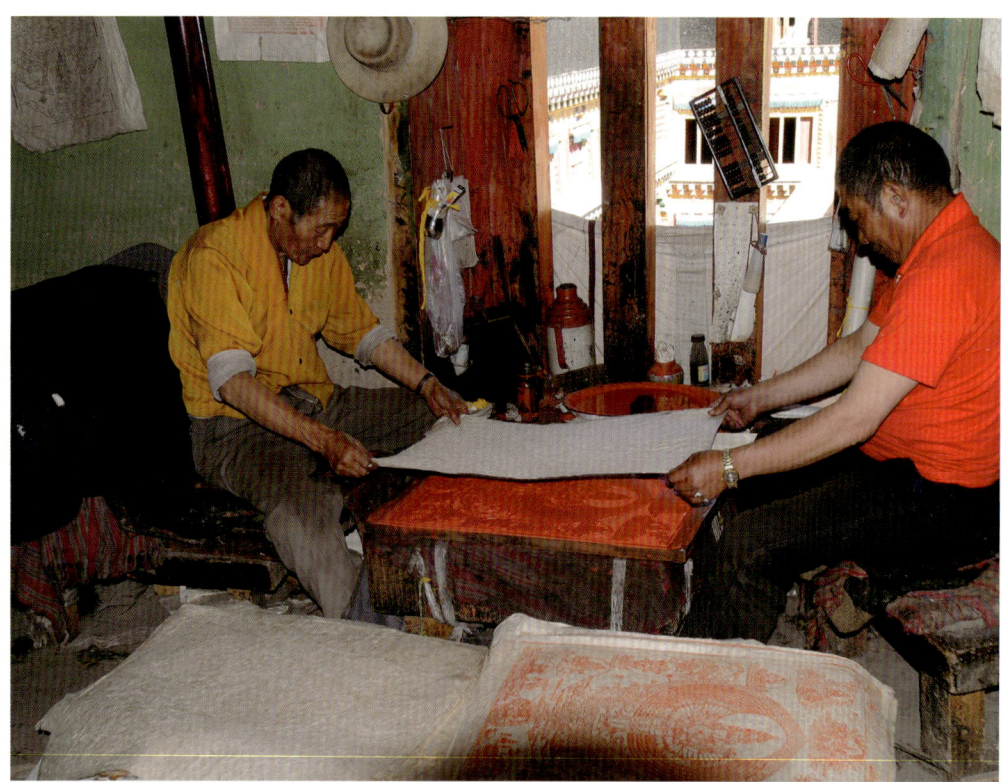

摄影 / 黄立

摄影 / 田园

高原温带，半干旱地区，藏南山地；植被分带上为热带季雨林与高寒草甸混合区；温度带属赤道热带与高寒带混合区；动物地理上分属两个截然不同的地理亚区，即古北界青藏区青海藏南亚区和东洋界西南区喜马拉雅亚区（张荣祖，2011）。

珠峰保护区行政上隶属日喀则地区的定结、定日、聂拉木和吉隆4个县，辖28个乡（镇），约59 237人，民族组成以藏族为主，占总人口的90%以上，还包括汉、回在内的十多个民族，以及夏尔巴人。

保护区土地中耕地为22 619公顷，林地（基本为原始森林）425 809公顷，牧草地1 612 034公顷，水域59 397公顷，居民点及交通用地面积1 143 140公顷，其他土地5 154公顷。除耕地外，其他土地和森林资源使用权属全部为国有。

目前，珠峰保护区所属乡镇和90%以上的行政村均已通车，周边路况较好。保护区所属4县县政府所在地均通光缆，对保护区的保护管理和经济发展起了积极作用。从总体看，保护区经济发展速度快，但基础差、起点低，现有经济发展水平还不高。

摄影/彭波涌

保护区经济仍以农牧业占主导地位，而第二产业发展极低，旅游业的发展带动着当地服务业的发展。

经过十多年的建设，保护区管理机构框架基本形成，建有1个管理服务中心、8个管理站和3个核心区进区检查站，保护着区内特有的极高山生态系统、丰富的山地生物多样性以及众多的人文历史文化遗迹。

第二章
自然概况
CHAPTER 2
Profile of the Natural Environment

陈塘沟　摄影 / 韦启浪

1　地质地貌

珠峰保护区处于喜马拉雅地层、地质构造区中，地质构造复杂，除了分布于喜马拉雅主脊线以南的低喜马拉雅地台型沉积带和亚喜马拉雅西瓦里克第三系沉积带外，保护区自南至北依次分布着高喜马拉雅结晶岩带、特提斯喜马拉雅南部沉积构造带和特提斯喜马拉雅北部沉积构造带。喜马拉雅地区强烈的地质构造运动为珠峰保护区构建了大尺度的地貌格局，形成了以高喜马拉雅山脉和藏南分水岭为骨架，高原湖盆和宽谷为基底，冰川、河流、湖泊、沙漠等并存的多种地貌形态。

珠峰保护区是整个喜马拉雅山脉的最高部分，也被称为高喜马拉雅地区，拥有5座海拔8 000米以上的高峰，包括世界第一高峰珠穆朗玛峰（海拔8 844.43米）、第四高峰洛子峰（海拔8 501米）、第五高峰马卡鲁峰（海拔8 407米）、第六高峰卓奥友峰（海拔8 153米）以及第十四高峰希夏邦马峰（海拔8 012米），最低海拔在陈塘沟，约为1 440米。多达7 000余米的垂直幅度使保护区内拥有完整的中山到极高山的自然地带变化，以及热带、亚热带、温带和极高山的综合自然环境要素，是世界海拔最高、相对高差最大和全球最具生物多样性的热点地区之一，被誉为地球的"第三极"，在全球生态和生物多样性保护上具有重要科学研究地位。

绒辖沟　摄影／田园

2　气候

高原独特的大气环流，特殊的地势地貌结构特点，为珠峰保护区带来了类型多样的气候变化和丰富的气候带。其中，喜马拉雅山北翼的高原面内（即保护区的大部分地区），如定日县协格尔镇，年均气温2.1℃，日均温≥0℃持续期间积温为1 000~1 500℃，极端最高气温24.8℃，极端最低气温-46.4℃，无霜期100~120天，年日照时数3 323小时，年均降水量270.5毫米，年均蒸发量2 479.5毫米，蒸发量远高于降水量，且多集中在7—9月。该气候条件使珠峰北翼动物生存相对艰难，故物种相对较少且独特，但往往种群数量大。喜马拉雅山脉南翼及山脉下切的河谷谷地及下游各地区，其气候温凉湿润，年均气温7~10℃，无霜期150~250天，日均温≥5℃持续期间积温为2 100~3 400℃。西部的吉隆藏布和准噶尔河谷地，随着印度洋暖湿气流由东向西减弱，年降水量降至1 000~1 500毫米，11月至次年3月有降雪，成为半湿润地区。东部的朋曲河下游谷地，绒辖谷地和波曲谷地，受较强印度洋暖湿气流的影响，年降水量在2 000~2 500毫米之间，正处在山地最大降水带的海拔段。该气候条件使珠峰南翼中海拔地带物种丰富，但往往种群数量较少。

3　水文

珠峰保护区隶属中南水文区，中喜马拉雅山北坡地带的内、外流地区。区内河流分属印度洋和藏南内流两大水系，大部分河流冬季封冻或断流。发源于希夏邦马峰北坡的朋曲河是保护区内最大的河流，它自西向东横贯保护区，全长384千米，于陈塘附近汇入尼泊尔境内。佩枯错是保护区内面积最大的内陆湖泊，整个湖区面积约300千米^2，为半咸水湖。由于多冷水湖和急流，蛙和鱼的数量都相对较少。

4　土壤

珠峰保护区内土壤发育比较原始，表现为以草原土壤为主的成土过程，森林土壤形成过程只分布在保护区南部的喜马拉雅山脉南坡及山脉下切河谷谷地。区内土壤分布以喜马拉雅山为界，南北差异极为显著（图1-1）。南翼森林土壤地带与西藏高原东南部森林土壤地带相类似，同属于亚热带黄棕壤、棕壤垂直结构类型。北侧高原宽谷盆地区，主要为居于藏南高原亚高山土壤带范围内的亚高山草原土地带。由于该区域多贫瘠或裸露岩层，植物生长相对困难，故保护更需加强，一旦破坏，生态变化极大。

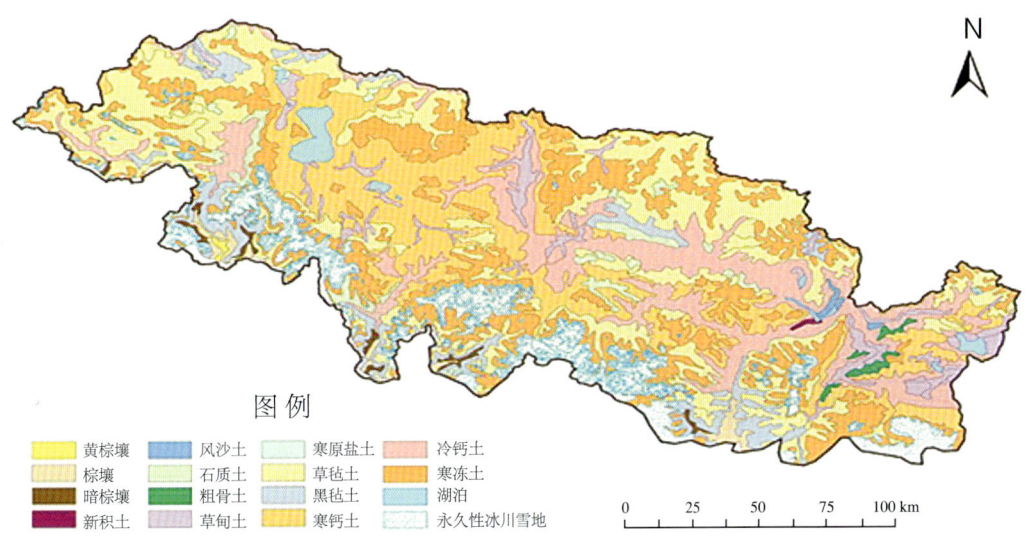

图1-1　珠峰保护区土壤类型示意图（引自《珠穆朗玛峰国家级自然保护区植物多样性调查与评估报告，2010》）

樟木沟　摄影/彭波涌

吉隆沟　摄影 / 田园

高山杜鹃林　摄影 / 彭波涌

陈塘嘎玛沟植被　摄影/彭波涌

5 植被

珠峰保护区植被类型丰富,垂直分异特征明显,大致分为17个植被型、28个群系组和59个群系。地形和气候的较大差异,使保护区南北两翼呈现截然不同的植被景观。

珠峰保护区北翼的高原受西北冷空气的影响,属荒漠和草甸草原区。而南翼的高山峡谷受印度洋暖流影响较大,发育着茂密的原始森林,属常绿雨林高山针叶林及高山植被区。南北两翼的植被表现出一定的地带性规律变化(图1-2),深深地影响了动物的垂直变化。

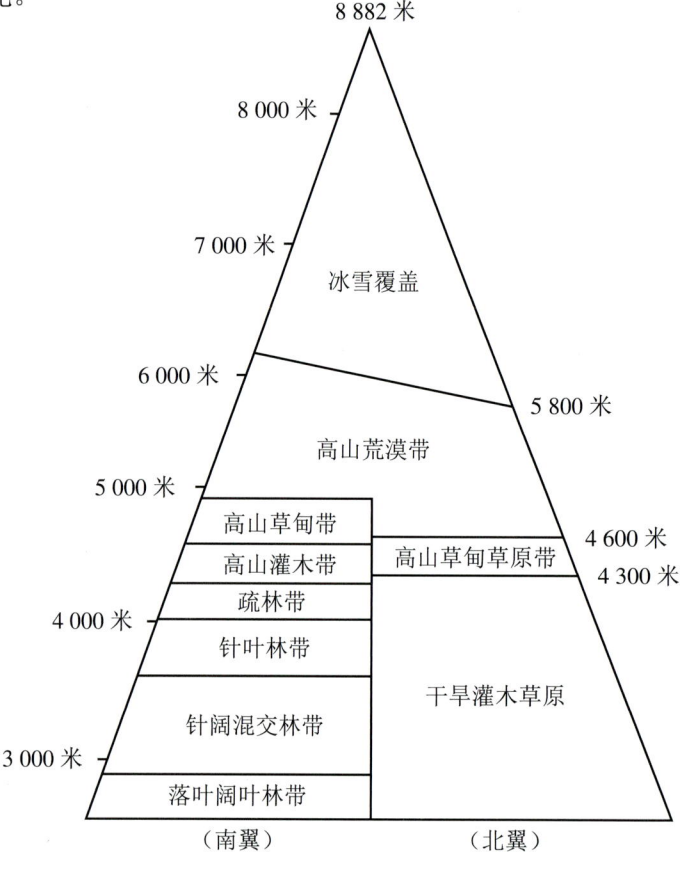

图1-2 珠峰保护区南北坡植被垂直分布带(引自《珠穆朗玛峰地区科学考察报告,1966—1968》)

6 南翼概况

珠峰保护区南翼为高山峡谷湿润森林区,沟谷幽深,平均海拔为2 400米。南上而来的印度洋暖湿气流受到喜马拉雅山脉的阻挡,为南翼的陈塘沟、绒辖沟、樟木沟

摄影 / 彭波涌

摄影 / 彭波涌

佩枯错 摄影/田园

第二章　自然概况　021
CHAPTER 2 Profile of the Natural Environment

萨尔乡湿地　摄影/徐健

和吉隆沟四条纵切的大峡谷带来了充沛的降水，形成了湿润多雨的海洋性季风气候和山地森林生态系统。南翼年均气温为7~10℃，无霜期150~250天，日均温＞5℃，持续期间积温为2 100~3 400℃，年均降水量由东部的2 000~2 500毫米递减至西部的1 000~1 500毫米。

高温多雨的气候使得土壤垂直带谱分布明显，海拔900~2 600米发育着山地黄棕壤；海拔2 400~3 300米发育着山地酸性棕壤，海拔3 100~3 900米发育着亚高山漂灰土；海拔3 700~4 700米的高山地带发育着亚高山灌丛草甸土和高山草甸土；海拔4 700~5 900米的雪线范围，土壤发育原始，土质粗疏，发育的土壤为原始高山草甸土；海拔5 500~8 844米的极高山地带，土壤发育原始，基本为高山寒漠土（珠峰保护区总体规划，2010）。

南翼发育的湿润山地森林生态系统，南起喜马拉雅南麓的锡伐利克、卡西山脉，北达喜马拉雅主脊线；西起西经83°附近，东至高黎贡山的广大区域，在珠峰保护区的分布局限于北切入主脊线的各列河谷中。区域内植被垂直分异明显，从山谷到山顶依次发育着山地常绿阔叶林带（海拔1 400~2 500米）、山地针阔混交林带（海拔2 500~3 100米）、山地针叶林带（海拔3 100~4 000

📷 三趾马化石发现地点　摄影 / 陈邵峰

米)、山地灌丛草甸带（海拔 4 000~4 800 米）、高山寒冻草甸垫状植被、冰碛地衣带（海拔 4 800~5 500 米）以及海拔 5 500 米以上的高山冰雪带（中国科学院青藏高原综合科考队，1988；张玮等，2006）。

南翼地区位于喜马拉雅山脉的核心地区，优越的自然环境和丰富的水热条件为南翼的物种提供了更加适宜的生存空间。极具特色的生态系统垂直分带，带来了丰富多样的生物物种，造就出形态各异的生命个体，在物种多样性方面表现出典型的热带和亚热带综合特色。这里的物种种类异常丰富，但种群数量较小，以具有代表性的斑羚、赤鹿、火尾太阳鸟等东洋界物种居多，并且含有较多的喜马拉雅特有物种，如长尾叶猴、喜马拉雅塔尔羊等，整体表现出喜马拉雅高地的鲜明特色。

7 北翼概况

与南翼相比，保护区北翼呈现出一番截然不同的自然景观。北翼的藏南山原、宽谷湖盆区海拔多在 4 000 米以上，地势广阔平坦，但气候寒冷干燥，植被稀少。这是由于印度洋暖湿气流在持续南上的过程中，受到山群的重重阻挡后耗尽大量水分，气流下沉绝热增温产生焚风效应，加剧了北翼气候的旱化，使这里呈现大陆性高原气候特点。

由于降水稀少，气候寒冷干旱，海拔 3 700~4 200 米主要发育着高寒草原土，海拔 5 000~5 700 米发育着高山草甸土，海拔 5 700 米以上，土壤发育基本与喜马拉雅山南翼相同。

喜马拉雅山脉北翼的植被丰富度远小于南翼，以半干旱高原灌丛、草原生态系统为主，本区域主要由高原草原带（海拔 4 000~5 000 米）和高山草甸带（海拔 5 000~6 000 米）组成，海拔 6 000 米以上是高山冰雪带（中国科学院青藏高原综合科考队，1988；张玮等，2006）。该生态系统南起喜马拉雅山脉主脊线，北至冈底斯山—念青唐古拉山脉主脊，西至玛旁雍水系与雅鲁藏布江源水系分水岭—马攸山口，东抵三安曲林、加玉一线。这一范围涵盖了中喜马拉雅山脉北坡、冈底斯—念青唐古拉山脉南坡，藏南分水岭以及山脉之间的藏南谷地雅鲁藏布江上游谷地。珠峰保护区的绝大部分处于该系统。

严酷的自然环境使得北翼的物种种类相对单一，但分布范围和种群数量较大，动物区系以古北界成分占优势，含有较多的高原特有物种，如雪豹、黑颈鹤等，以及一些具有代表性的高原物种，包括藏野驴、藏原羚、西藏沙蜥等。为了适应高海拔地区的环境变化，这些高原物种进化出了各具特色的生理适应机制，在高原的生存竞赛中赢得了属于自己的一席之地。

珠穆朗玛峰　摄影 / 胡慧建

第三章
科考历史

CHAPTER 3
Scientific Expedition History in the Nature Reserve

新中国成立前，珠峰地区一直缺乏系统的动物科考，只有外国探险队和旅行家做过零星的动物采集和记述工作，故资料较少。

20世纪50年代初至60年代末，中国在珠穆朗玛峰地区开展了两次涉及动物的大规模科学考察：一是1959—1960年，中国科学院和原国家体委组织了以珠峰为中心、面积7 000千米^2、海拔2 500~6 500米范围内的珠穆朗玛峰登山科学考察，出版了《珠穆朗玛峰地区科学考察报告》；二是1966—1968年，西藏科学考察队对约$5×10^4$千米^{2}的珠峰地区进行了综合科学考察，陆续出版了《珠穆朗玛峰地区科学考察报告》（中国科学院西藏科学考察队，1974）。

1973—1976年，中科院青藏高原综合科学考察队对西藏自治区进行了全面系统的综合考察，出版了青藏高原科学考察系列丛书，提及了珠峰地区的动物（冯祚建 等，1986）。1991—1993年，中美联合考察队开展了珠峰保护区部分地区的野生动物调查。

1979年中国科学院青藏高原综合科学考察队在西藏地区进行科考（引自《青藏苍茫：青藏高原科学考察50年》）

2010年10月起，华南濒危动物研究所联合中国林业科学研究院、湖南师范大学、广东省博物馆和影像生物多样性调查所（IBE）在珠峰地区进行了有史以来首次系统而翔实的陆生野生脊椎动物资源考察。

此外，还有一些学者针对珠峰地区不同类群的野生动物展开了科考和研究工作，具体情况如下：

1 两栖和爬行类

作为最早可查证的研究，Procter（1921）首次报道了珠峰地区分布的 3 个物种，西藏沙蜥 *Phrynocephalus theobaldi*、高山倭蛙 *Nanorana parkeri* 和西藏齿突蟾 *Scutiger boulengeri*。

四川省生物研究所两栖爬行动物研究室（1977 a, b）报道两栖类 5 种和爬行类 6 种，在分布上南翼物种远较北坡丰富，由此认为喜马拉雅山脉是我国西部古北界与东洋界的分界线。胡淑琴（1987）报道两栖类 7 种，增加小角蟾 *Megophrys minor* 记录，爬行类 6 种（含亚种）。叶昌媛和费梁（1992）将聂拉木的小角蟾标本定名为新种张氏异角蟾 *Xegophrys zhangi*。费梁和叶昌媛（2001）将区内分布的亚东蛙归为波留宁棘蛙 *Paa polunii*。饶定齐（2000）报道聂拉木县两栖类 4 种，爬行类 5 种。李丕鹏（2010）记录了珠峰地区两栖类 7 种，爬行类 6 种。Pan 等（2013）发表了蛇类新种——喜山原矛头蝮。

喜山原矛头蝮　　摄影 / 覃海华

2　鸟类

新中国成立前，涉及珠峰地区鸟类的研究主要散见于国外学者对西藏南部地区的调查报道（Bailey 1914，1915；Kinnear，1922，1938，1940；Hingston，1927；Ludlow，1928，1944，1951；Battye，1935；Maclaren，1947；Lavkumar，1955；Vaurie，1972）。

中国鸟类新记录——棕额啄木鸟　　摄影 / 李晶晶

新中国成立后，中国科学院于1959—1977年组织了13次西藏动物考察，出版发行了《西藏鸟类志》，提及珠峰地区的部分鸟类（中国科学院青藏高原综合科学考察队，1983）。中国科学院西藏科学考察队（1974）报道了珠峰地区科考中记录的140种鸟类，认为珠峰南坡上部为古北界和东洋界的过渡地带。王祖祥（1982）探讨了喜马拉雅山脉鸟类的区系及南翼垂直分布，所涉范围包含了珠峰地区。1987—1990年西藏开展了珍稀野生动物考察，尹秉高和刘务林（1992）报道了部分珍稀鸟类在珠峰地区的分布。李渤生（1993）提及鸟类206种，而1988—1992年，为了建立珠峰保护区所开展的科学考察记录有227种鸟类。Li等（2012）报道了吉隆沟中国鸟类新记录1种。王斌等（2013）报道了珠峰地区鸟类共有342种，分析了鸟类群落结构与多样性组成的特点。

3　哺乳类

19世纪中叶，英国人霍奇森（Hodgson）对我国西藏及邻近区域的兽类作过不少研究，通过各种渠道获得一批西藏生物标本。沃尔顿（Walton）1903年和1904年发表了在藏南收集的动物标本记录。1921年，英国人沃莱斯顿（Wollaston）在定日和珠峰东部的朋曲河谷一带采集到 10 种哺乳类，由 Kinnear 和 Thomas 等于 1922 年分别发表。英国人卢劳得（Ludlow）和谢里夫（Sherriff）等也相继在藏南、藏东南、藏西北等地区调查并采集了大量标本。Ellerman 和 Morrism Scott 于 1951 年整理了包括珠峰在内的西藏哺乳动物的分类及分布（冯祚建 等，1984）。此后，国外研究者曾多次对珠峰地区进行考察，但由于条件艰苦，并未获得太多资料。

新中国成立后，我国对西藏地区野生动物进行了多次调查。1959—1960 年，中国珠穆朗玛峰登山队科学考察队动物组在珠峰地区采获兽类标本 6 目 13 科 22 种，发现兽类中国新记录 1 种和 2 个新亚种。1966—1967 年，西藏科学考察队完成了西部的波曲河谷、希夏邦马峰北部色龙地区和吉隆镇的动物调查，共记录 7 目 18 科 45 种哺乳类（钱燕文 等，1974）。1973—1976 年，中国科学院青藏高原综合科考队在西藏全区记录哺乳动物 126 种，提及了部分物种在珠峰地区的分布（冯祚建 等，1986）。陈耘和张林源（1995）对珠峰保护区的野生动物进行了短期调查，共统计哺乳类 79 种。此后，未见相关调查。

西藏新确认物种——马来熊　摄影 / 李晶晶

第四章
动物资源

CHAPTER 4
Wildlife Resources

1 概况

近三年的科考中，珠峰保护区内记录到陆生野生脊椎动物共30目93科491种，占全国脊椎动物2 527种的19.4%，占西藏自治区脊椎动物655种的3/4以上（表4-1）。其中，国家Ⅰ级重点保护野生动物20种，国家Ⅱ级重点保护64种；列入《濒危野生动植物种国际贸易公约》（CITES）附录Ⅰ共15种，附录Ⅱ共55种，附录Ⅲ共7种；列入世界自然保护联盟濒危物种红色名录（IUCN）濒危（EN）等级9种，易危（VU）17种，近危（NT）18种，无危（LC）411种，数据缺乏（DD）1种。区系组成上以东洋界物种占优势，为237种，古北界次之，为194种，广布种最少，仅60种。

表4-1 珠穆朗玛峰国家级自然保护区陆生野生脊椎动物种数与区系概况

分类级别				保护级别											区系		
纲	目	科	种	国家Ⅰ级	国家Ⅱ级	IUCN						CITES附录			O	P	C
						CR	EN	VU	NT	LC	DD	Ⅰ	Ⅱ	Ⅲ			
两栖纲	1	4	9	—	—	—	—	—	—	5	1	—	—	—	9	—	—
爬行纲	1	4	11	—	—	—	—	—	—	3	—	—	—	—	10	1	—
鸟纲	18	62	390	8	42	—	3	9	6	360	—	5	39	1	177	164	49
哺乳类	10	23	81	12	22	1	7	7	9	51	—	10	16	6	41	29	11
合计	30	93	491	20	64	1	10	16	15	419	1	15	55	7	237	194	60

注：区系：O—东洋界，P—古北界，C—广布种。

2 两栖类

2.1 研究方法

2.1.1 调查时间

2010 年 10—11 月，2011 年 4—5 月和 7—8 月，2012 年 5—6 月和 8—10 月。于每天的 11：00—14：00、15：00—18：00 和 21：00—24：00（UTC+8）开展调查。

2.1.2 样带布设

调查时综合考虑保护区的地形、地貌、植被以及两栖爬行类的生态习性，选定可操作性高、代表性强的区域进行调查（图 4-1），调查以样线法为主，每个位置布设调查样线 3~10 条，总样带 102 条。

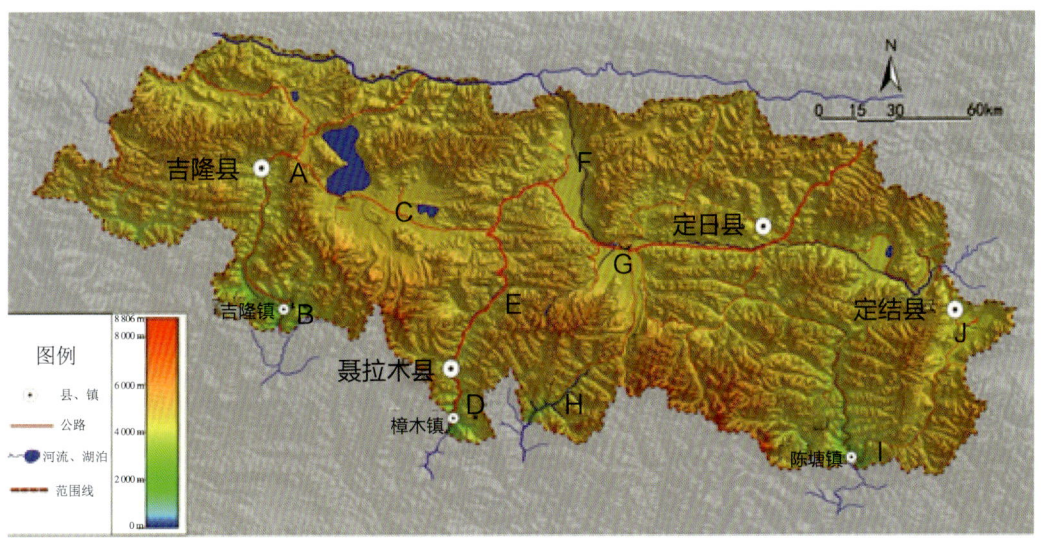

图 4-1　珠穆朗玛峰国家级自然保护区两栖爬行类调查位置分布示意图

注：调查区域：A—宗嘎镇（13 条样线），B—吉隆镇（36 条样线），C—色龙乡（8 条样线），D—樟木镇（14 条样线），E—亚莱乡（1 条样线），F—琐作乡（3 条样线），G—岗嘎镇（8 条样线），H—绒辖河谷（7 条样线），I—陈塘镇（9 条样线），J—定结县（3 条样线）。

2.1.3 调查方法

根据不同海拔高度和不同生境类型，采用样带采集，由一组 2 人进行，行进时相对速度保持一致。采取目视遇测法，在调查区域内搜索两栖动物信息，包括动物实体（活体和尸体）、痕迹。夜间调查采用强光电筒寻找，调查路线包括小路、公路及溪流，特别留意路线两旁的枯叶堆、石块下、倒木下、树皮下、树洞、石洞和临时雨水潭等小生境；通过鸣声辨别物种，或寻找活体。发现两栖动物后，在野外鉴定并拍下活体照片。对每一物种进行少量个体标本采集，用80%酒精保存，共采集标本32号，对标本外的个体进行放生处理。

在样带调查的同时对当地居民和驻军官兵进行访问调查，并通过查阅工具书对访问到的物种进行鉴定与核实。海拔分布范围的确定以实际调查为准，同时参考李丕鹏（2010）的海拔划分。物种鉴定参照费梁等（2009a，b），分类系统参照 Forst（2013），地理区划参考张荣祖（2011）和 Zhao（1999）。IUCN 濒危等级以 IUCN 官方网站（http://www.iucnredlist.org）为准。

2.2 结果

2.2.1 区系

目前共记录两栖类1目3科9种，均为东洋界物种，占全国已知两栖类总数的2.47%，占西藏自治区已知两栖类总数的18.0%，以叉舌蛙科占优势。其中，未定种2种，分属棘蛙属（*Paa* sp.）和湍蛙属（*Amolops* sp.），中国特有种1种，主要分布在中国的物种3种（除2种未定种，表4-2）。目前记录的物种均隶属无尾目，没有记录到蝾螈等有尾目的两栖动物。

无国家级保护物种。IUCN—DD 等级1种，即张氏异角蟾 *Xenophrys zhangi*，LC 等级5种及"三有"保护物种5种。

表4-2 珠穆朗玛峰国家级自然保护区两栖类动物

物　种	生态类型	分布海拔（米）	发现地	分布型	收录来源	受胁等级
I 无尾目 ANURA						
（一）角蟾科 Megophryidae						
1. 西藏齿突蟾** *Scutiger boulengeri*	Aq	4 042~4 146	G,T,D	Hm	S	3,LC
2. 锡金齿突蟾 *Scutiger sikkimmensis*	Aq	DI	N,D	Ha	S	3
3. 张氏异角蟾* *Xenophrys zhangi*	Aq	DI	N	Ha	S	DD
（二）蟾蜍科 Bufonidae						
4. 喜山棱眶蟾** *Duttaphrynus himalayanus himalayanus*	Te	700~3 350	G,N	Ha	S	3,LC

(续表)

物 种	生态类型	分布海拔（米）	发现地	分布型	收录来源	受胁等级
（三）蛙科 **Ranidae**						
5. 湍蛙未定种 *Amolops* sp.	Aq	2 000~2 010	G	Ha	S	—
（四）叉舌蛙科 **Dicroglossidae**						
6. 高山倭蛙** *Nanorana parkeri*	Aq	3 806~4 611	G	Pd	S	LC
7. 波留宁棘蛙 *Paa polunini*	Aq	2 610~2 990	N	Ha	S	3,LC
8. 棘臂蛙 *Paa liebigii*	Aq	1 500~3 500	G,N	Ha	S	3,LC
9. 棘蛙未定种 *Paa* sp.	Aq	3 060~3 420	G	Ha	S	—

注：*—中国特有种，**—主要分布在中国的物种；生态类型：Aq—水栖型，Te—陆栖型；分布海拔：DI—数据不足；发现地：G—吉隆县，T—定日县，N—聂拉木县，D—定结县；分布型：Hm—横断山及喜马拉雅型（南翼为主），Ha—喜山南坡，Pd—青藏高原东南部；资料来源：S—调查；受胁等级：3—三有保护，LC—无危，DD—数据缺乏。

2.2.2 地域特征

总体来看，珠峰保护区的两栖类具有较强的地域特殊性，所有物种皆属西南区喜马拉雅亚区成分，但南、北两翼的两栖类在种类组成和多样性上存在明显差异。南翼海拔3 600米以下的低山峡谷区，两栖物种呈现喜马拉雅山地地带性特征，特别是2 500米以下的喜山南翼区域，可能存在更为丰富的两栖物种。而北翼海拔3 800米以上的高原湖盆区，由于生境单一，物种分布少，潜在的物种有限。这一区域的两栖动物被认为是东洋界成分向高海拔地区的延伸，其生理结构和生活习性随着对干旱、寒冷的极高山环境的适应而变得高度特化，代表物种包括西藏齿突蟾 *Scutiger boulengeri*、高山倭蛙 *Nanorana parkeri* 等典型的喜马拉雅高地型物种。

2.2.3 垂直变化

南翼海拔垂直变化大，植被随海拔呈现明显的梯度变化，两栖类的物种丰富度也随之而变，其中，山地常绿阔叶林带记录4种，山地针阔混交林带记录到的物种最多，达7种，山地针叶林带记录6种，山地灌丛草甸带记录3种，高山寒冻草甸垫状植被、冰碛地衣带记录2种，总体呈先升后降的特征（图4-2）。

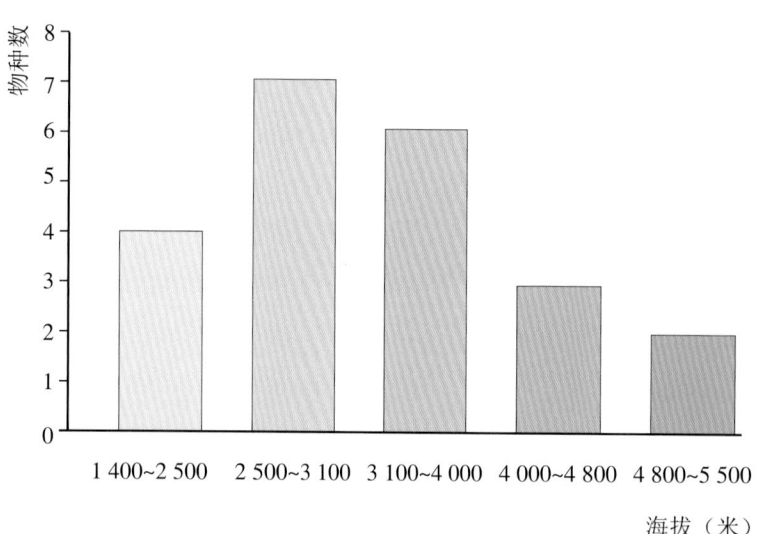

图 4-2　珠穆朗玛峰国家级自然保护区生态系统——两栖物种垂直分布图

不同物种的垂直分布范围差异很大，其中，喜山棱眶蟾的垂直极差最大，约 2 650 米，西藏齿突蟾为 2 400 米，棘臂蛙 *Paa liebigii* 为 2 000 米，而张氏异角蟾、湍蛙未定种和棘蛙未定种的分布范围较窄，均不足 400 米（图 4-3）。

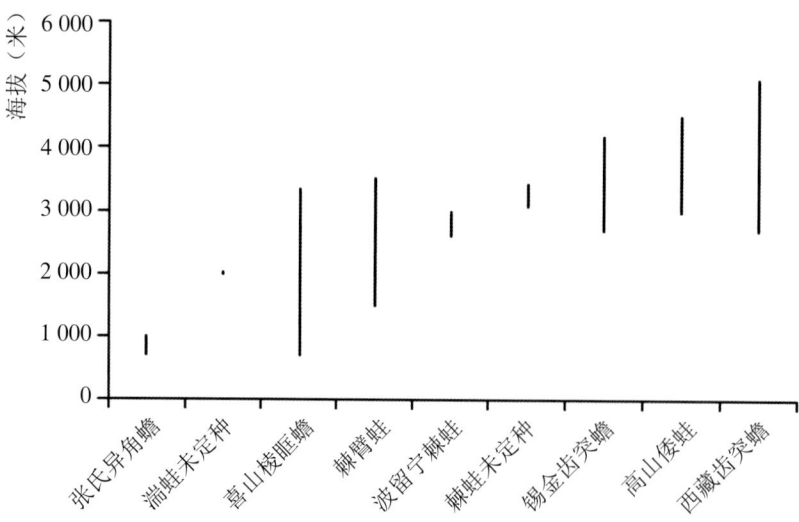

图 4-3　珠穆朗玛峰国家级自然保护区两栖物种垂直分布海拔范围

2.3 讨论

2.3.1 物种组成

珠峰保护区相关报道中涉及而未被收录的两栖类包括小角蟾（胡淑琴，1987）。胡淑琴（1987）对小角蟾的描述列出了该种的识别特征、采集地信息等，未指出标本号，通过与李丕鹏（2010）描述的张氏异角蟾的对比，认为小角蟾后被归为张氏异角蟾，采用新的名称。

对比李丕鹏（2010），保护区增加两栖类 2 种，即棘蛙科未定种和湍蛙科未定种，未定种均采集于吉隆县海拔 3 600 米以下的峡谷地区，保存有标本。为此，我们确认保护区两栖类 3 科 6 属 9 种，占西藏自治区已知总量的 18.0%。

在保护区新记录到的物种分布于吉隆、聂拉木两县海拔 3 600 米以下的低山峡谷区，具有喜马拉雅山地地带性特征。调查发现在 3 800 米以上的高海拔区域，物种分布少，未被发现的物种有限，而在 3 600 米以下海拔相对较低的喜山南坡区域，特别是在 2 500 米以下区域，还有较多未能到达区域，这些区域物种更为丰富，是发现新物种的重要区域。由于保护区沟谷海拔相对较高（最低海拔为 1 440 米），温度相对较低，所以对两栖类有较大影响，尽管存在发现新记录的可能，但能发现的物种数量有限，不可能像鸟类和哺乳类那样达到自治区物种的 60% 以上。

2.3.2 地域特征

分布型方面，两栖类以高地型分布为主，喜马拉雅—横断山型局限分布于海拔较低的高山峡谷区域。两栖动物类群全为喜马拉雅成分，除西藏齿突蟾为喜马拉雅南翼及横断山区型外，其他分布型已知的物种均属喜山南坡成分。在记录到的物种中（不含未定种），有中国特有种 1 种，即张氏异角蟾。因此，保护区内两栖类的分布特征具明显的喜马拉雅地带性和很高的特有性。以上说明珠穆朗玛峰在两栖类物种的保护上具有独特而重要的地位。

2.4 典型物种

摄影/覃海华

● **西藏齿突蟾**

Scutiger boulengeri

保护级别：IUCN-LC

体形肥胖，雄性体长31~59毫米，雌性体长34~67毫米。背部灰橄榄色或褐色，布满疣粒。栖息于海拔700~5 100米的山溪岸边石下，或附近石头和朽木下。

摄影/潘虎君

摄影 / 覃海华

● **喜山棱眶蟾**

Duttaphrynus himalayanus
保护级别：IUCN-LC

  大型蟾蜍。雄性体长85~90毫米，雌性体长90~100毫米。体背部黄褐色或黑褐色，布满瘰粒。耳后腺极明显。栖息于受季风影响的海拔700~2 700米的山地和农田等处。自卫时耳后腺和皮肤腺会分泌白色毒液。

摄影 / 李俊杰

● 高山倭蛙

Nanorana parkeri

保护级别：IUCN-LC

背面黄棕色或深绿色，雄性体长30~39毫米，雌性体长22~44毫米。为保护区最为常见的蛙类，栖息于高海拔地带环境恶劣的沼泽湿地、路边水沟、水坑或池塘草地，具有顽强的生命力，在极低水温环境中也能存活。

摄影 / 胡慧建

摄影 / 胡慧建

摄影 / 潘虎君

摄影 / 潘虎君

摄影 / 李俊杰

● 波留宁棘蛙

Paa polunini

保护级别：IUCN-LC

野外体色变化较大，多为褐色。背部皮肤光滑，背侧褶由眼后延伸至体背后部，体侧有黑色斑点，腹部黄白色，腿后部有醒目的黑色网状斑纹。雄性胸部具刺团，内侧三指具锥状婚刺。记录于聂拉木县樟木镇附近海拔约 3 000 米的高山泉水坑中。

摄影 / 潘虎君

摄影 / 李俊杰

● 棘臂蛙

Paa liebigii

保护级别：IUCN-LC

体背橄榄绿色、棕红色、褐红色或棕褐色。雄性体长63~103毫米，雌性体长75~118毫米。后趾间有蹼，成年个体前肢内侧会长出醒目的尖锐红刺。多在夜间活动，几乎不鸣叫。栖息于海拔1 500~3 500米的高山溪流附近。

3 爬行类

3.1 研究方法

3.1.1 调查时间

见 2.1.1。

3.1.2 样带布设

见 2.1.2。

3.1.3 调查方法

共采集标本 28 号，对标本外的个体进行放生处理。海拔分布范围的确定以实际调查为准，同时参考李丕鹏（2010）的海拔划分。物种鉴定参考赵尔宓等（1999，2006），分类系统参照 Uetz 和 Hallermann（2012）；地理区划参考张荣祖（2011）和 Zhao（1999）。IUCN 濒危等级以 IUCN 官方网站（http://www.iucnredlist.org）为准。

其他见 2.1.3。

3.2 结果

3.2.1 区系

目前共记录爬行类 1 目 4 科 11 种，除西藏沙蜥 *Phrynocephalus theobaldi* 属古北界高地型外，其余均为东洋界物种，约占全国已知爬行类总数的 2.7%，约占自治区已知爬行类总数的 17.2%。其中，中国特有种 1 种，主要分布在中国的物种 3 种（除未定种及新种外，表 4-3）。另外，有鳞目的喜山滑蜥 *Scincella himalayana* 和南峰晨蛇 *Orthriophis hodgsonii* 确认在珠峰保护区有分布，珠峰保护区为南峰晨蛇已知的最西及最北的分布地。同时，还记录蛇亚目原矛头蝮属新种 1 种，即喜山原矛头蝮 *Protobothrops himalayanus*。

未记录到国家级保护物种。IUCN—LC 3 种，包括西藏沙蜥等。

3.2.2 地域特征

保护区的爬行类以喜马拉雅成分占主导，南、北两侧的爬行类在种类组成和多样性上存在较大差异。北坡的高原湖盆区及南坡的高海拔区域（4 000 米以上），作为古北界的代表，物种组成较为单一且个体数量大，呈现典型的高原特征。这一区域的物种被认为是东洋界成分向高海拔地区的延伸，其生理结构和生活习性随着对干旱、寒冷的极高山环境的适应而变得高度特化，代表物种包括典型的喜马拉雅高地型物种——西藏沙蜥等。南坡的高山峡谷区（海拔 4 000 米以下）随海拔梯度的下降，湿度逐渐升高，这里的爬行类物种相对丰富，以适应温湿环境的种类为主，如喜山滑蜥、西藏竹叶青蛇 *Trimeresurus tibetanus* 等，且与喜山南麓的物种组成具有一定相似性。

表 4-3　珠穆朗玛峰国家级自然保护区爬行类动物

物　种	生态类型	分布海拔（米）	发现地	分布型	收录来源	受胁等级
Ⅰ 蜥蜴亚目 LACERTIFORMES						
（一）鬣蜥科 Megophryidae						
1. 喜山攀蜥 *Japalura kumaonenesis*	Ar	2 210~3 000	G,N	Ha	S	3
2. 南亚岩蜥** *Laudakia tuberculata*	Te	2 000~2 300	G,N	Ph	S	
3. 西藏沙蜥* *Phrynocephalus theobaldi*	Te	4 000~4 540	G,T,N	Hd	S	3,LC
（二）石龙子科 Scincidae						
4. 喜山滑蜥 *Scincella himalayana*	Te	2 000~2 550	G, N	Ha	S	3
Ⅱ 蛇亚目 SERPENTIFORMES						
（三）游蛇科 Coluburidae						
5. 南峰晨蛇** *Orthriophis hodgsonii*	Te	2 120~2 800	G	Ha	S	3
6. 平头腹链蛇** *Amphiesma platyceps*	Se	2 500	N	Ha	S	3
7. 小头坭蛇 *Trachischium tenuiceps*	Te	DI	N	He	D	3
8. 腹链蛇未定种 *Amphiesma* sp.	Se	2 300	G		S	
（四）蝰科 Viperidae						
9. 西藏竹叶青蛇 *Trimeresurus tibetanus*	Ar	2 800~3 000	N	Ha	S	3,LC
10. 山烙铁头蛇 *Ovophis monticola*	Te	DI	N	Wc		3,LC
11. 喜山原矛头蝮 *Protobothrops himalayanus*	Te	2 060~2 706	N	Ha	S	3

注：*—中国特有种，**—主要分布在中国的物种；生态类型：Ar—树栖，Te—陆栖，Se—半水栖；分布海拔：DI—数据不足；发现地：G—吉隆县，T—定日县，N—聂拉木县；分布型：Ha—喜山南坡，Ph—高地型南部，Hd—雅鲁藏布流域，He—喜马拉雅东南部，Wc—热带—中亚热带型；资料来源：D—资料，S—调查；受胁等级：3—三有保护，LC—无危。

3.2.3　垂直变化

随着植被垂直变化相一致，爬行类物种的丰富度也随之变化。山地常绿阔叶林带和山地针阔混交林带记录到的爬行类最多，各记录 9 个物种，山地灌丛草甸带和高山寒冻草甸垫状植被、冰碛地衣带各记录 1 个物种，山地针叶林带无爬行类分布。爬行类的垂直分布在山地亚热带林地和山地暖温带常绿林地中有较高的丰富度，物种为西南区喜马拉雅亚区成分（图4-4）。

不同物种的垂直分布范围差异较大，其中，喜山攀蜥 *Japalura kumaonenesis*、南峰晨蛇和喜山原矛头蝮是记录到的垂直极差最大的3种爬行动物，分别为790米、680米和646米。而南亚岩蜥 *Laudakia tuberculata*、腹链蛇未定种 *Amphiesma* sp.、平头腹链蛇 *Amphiesma platyceps* 和西藏竹叶青蛇的分布范围较窄，均未超过300米。垂直极差最大的为疑存种山烙铁头蛇，达2 285米，其次是小头坭蛇 *Trachischium tenuiceps*，为1 600米，但均未在调查中有效记录（图4-5）。

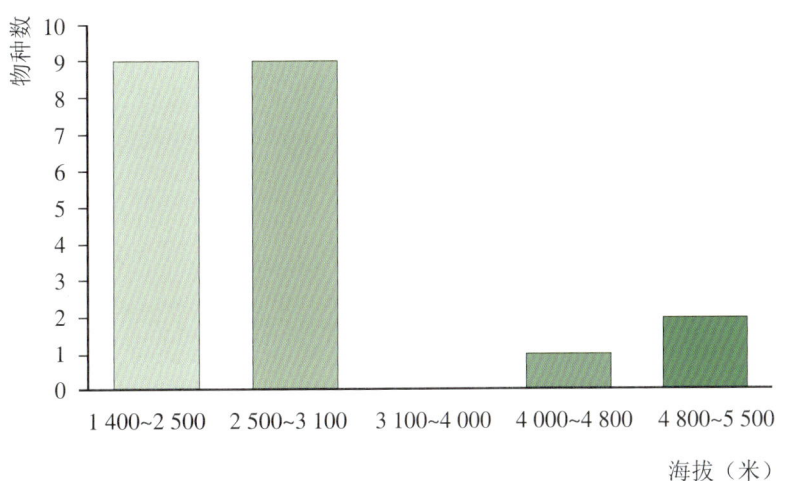

图4-4　珠穆朗玛峰国家级自然保护区生态系统——爬行物种垂直分布图

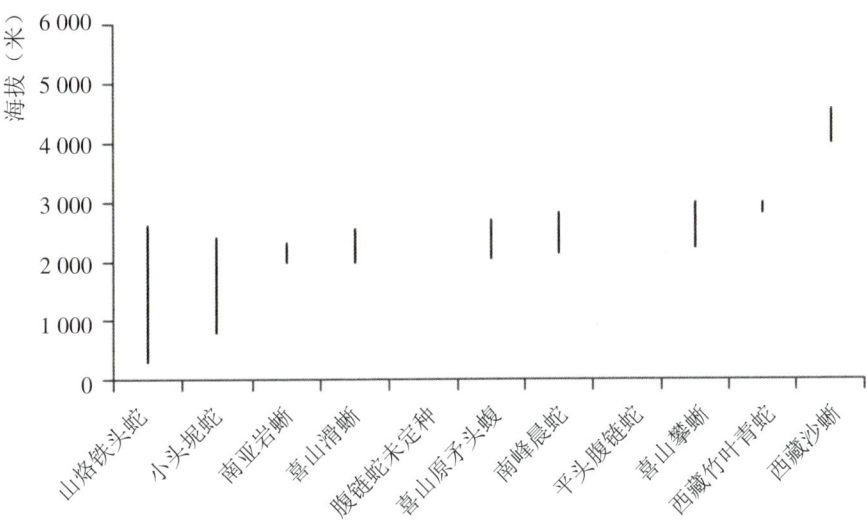

图4-5　珠穆朗玛峰国家级自然保护区两栖物种垂直分布海拔范围

总体来看，珠峰保护区的爬行类具明显的喜马拉雅地带性和较高的特有性，喜马拉雅山南坡的特有爬行类在物种区系中占有绝对优势。保护区海拔3 600~3 800米的亚高山寒温带林区隔断了古北界与东洋界物种的交流，此海拔区间内既未发现两栖和爬行类动物，也未在其两侧发现物种间的相互渗透。

3.3 讨论

3.3.1 物种组成

珠峰保护区相关报道中涉及而未被收录的物种有锡金滑蜥 *Scincella sikimmensis* 和马拉巴烙铁头 *Ovophis malabaricus*（饶定齐，2000）。我们在聂拉木、吉隆两地峡谷区域采得的滑蜥标本鉴定属喜山滑蜥。喜山滑蜥已知分布于波密一带，保护区为该种的新分布地。锡金滑蜥在西藏的已知分布地为林芝、墨脱一带，与波密接近，不排除保护区存在该种分布的可能，但由于未采得标本，暂未收录。马拉巴烙铁头仅见于饶定齐（2000）记录，但具体信息不详，国内亦无相关记录。通过在线数据库检索，蝮亚科种名为"malabaricus"的仅马拉巴竹叶青 *Trimeresurus malabaricus*，分布于印度南部，由于资料不完整，暂不收录。

对比李丕鹏（2010），保护区新增加喜山滑蜥、南峰晨蛇、山烙铁头蛇、腹链蛇未定种及喜山原矛头蝮5个物种，并保存有标本。南峰晨蛇是继李胜全（1983）在南迦巴瓦峰地区报道后的再一次发现。保护区新记录到的物种分布于吉隆、聂拉木两县海拔3 600米以下的低山峡谷区，具有喜马拉雅山地地带性特征。调查发现，高海拔区域（海拔3 800米以上）物种分布少，新物种或新记录物种被发现的概率有限，而在海拔相对较低（3 600米以下）的喜山南坡区域，特别在2 500米以下区域，还有较多区域未曾到达，这些区域的物种更为丰富，是发现新物种的重要区域。由于保护区沟谷海拔相对较高（最低海拔为1 440米），温度相对较低，所以对爬行类存在较大影响，尽管有发现新记录的可能，但所能发现的物种数量有限，不可能像鸟类和哺乳类那样达到西藏自治区的60%以上。

3.3.2 地域特征

分布型方面，爬行类以高地型分布为主，喜马拉雅—横断山型局限分布于海拔较低的高山峡谷区域。分布型构成相对两栖类复杂，但仍以喜马拉雅成分占主导，有10种，华南成分仅1种,即山烙铁头蛇。在记录到的物种中(不含未定种),有中国特有种1种,即西藏沙蜥,因此,区内爬行类的分布特征具明显的喜马拉雅地带性和较高的特有性,说明珠峰保护区在爬行类的保护上具有独特而重要的地位。

3.3.3 动物地理区划

根据四川省生物研究所两栖爬行动物研究室(1977a, b)和胡淑琴(1987)对西藏自治区两栖爬行动物分布的动物地理区划,保护区所在区域涉及藏南谷地、喜山南坡两个区域,根据高山峡谷区域中爬行动物组成与西南区物种接近的特征,建议将喜山南坡划为西南区的一个亚区,即喜山南坡亚区。张荣祖(2011)对青藏高原及周边地区进行的动物地理区划,保护区含分布于北坡及南坡高海拔区域的高原草地、草甸动物群成分,属古北界青藏区青海藏南亚区;南坡低海拔区域的亚热带森林、林灌草地群成分,属东洋界西南区喜马拉雅亚区。

喜山北坡及南坡的高海拔区域,作为古北界的代表,物种组成较为单一,与高原内部的物种有较强的一致性,以适应干旱、寒冷的极高山环境为主。这一区域的两栖动物仍被认为是东洋界成分向高海拔地区的延伸,但其生理结构和生活习性已为适应极端环境高度特化(张荣祖,2011),两栖类代表物种有西藏齿突蟾、高山倭蛙,爬行类代表物种为西藏沙蜥,皆为典型的喜马拉雅高地型物种,将这一区域划为古北界青藏区青海藏南亚区是适宜的。

喜山南坡中低海拔区域有两栖动物6种,爬行动物10种,组成较为复杂。通过喜山南坡面,即尼泊尔北部的中低山原、锡金、不丹、印度东北部及缅甸北部,与我国西南区形成较为统一的动物地理区划。这一区域的两栖爬行动物适应喜山南坡基于热带亚热带湿润气候,受季风及地形雨影响的高山峡谷环境。该区域两栖动物以叉舌蛙科为代表,幼体阶段对大落差的流水环境有良好的适应;爬行动物以游蛇科、蝰科、石龙子科为代表,体现了东洋界西南区特征的同时也具有自身的特点,所以将该区域划分为喜马拉雅亚区也是适宜的。

根据我们的调查,海拔3 600~3 800米之间未发现两栖爬行动物。两栖动物中,西藏齿突蟾、锡金齿突蟾和高山倭蛙,以及爬行动物中西藏沙蜥分布在3 800米以上,其他皆在3 600米以下。但是李丕鹏(2010)报道了西藏齿突蟾、锡金齿突蟾和高山倭蛙分布的海拔区间涵盖了3 600~3 800米,这一现象仅在更湿润的墨脱、林芝等地存在。

因此，两栖爬行动物均表现出对高原和高山峡谷环境两个不同方向的特化，两者间在保护区内未发现过渡现象。这表明，古北界与东洋界在这一区内的分界明显，可沿高原物种分布的下界作区划，即海拔 3 600~3 800 米之间，其上为古北界，其下为东洋界。我们的研究结果支持了胡淑琴（1987）、张荣祖（2011）的区划，并进一步指出两界物种在保护区未发现渗透过渡现象，古北界与东洋界在珠峰地区分界线在 3 600~3 800 米区间可能更为合适。

3.4 典型物种

摄影 / 潘虎君

● **喜山攀蜥**

Japalura humaonenesis

体略侧扁，四肢细长。雌性背面灰褐色，眼后一黑色细纹斜向口后角，躯干背面具 7 个黑褐色 "V" 形斑。雄性浅绿色至深绿色，眼下有一黑白色线斑。栖息于山区灌丛带。记录于樟木山区海拔最高接近 3 000 米处（热带雨林上限）。

摄影 / 潘虎君

● **南亚岩蜥**

Laudakia tuberculata

体平扁，深色背部夹杂黑色、黄色斑点。雄性喉部蓝色带亮斑。善攀爬，常在海拔 2 300 米以下的岩壁、石堆中栖息活动。

摄影 / 覃海华

摄影 / 潘虎君

摄影 / 潘虎君

摄影 / 李俊杰

● 喜山滑蜥

Scincella himalayana

体表光滑，浅褐橄榄色背部具蓝褐色斑点，形成一道似黑褐色线纹。栖息于草丛及高山草地，善于在地面快速奔跑。

● **西藏沙蜥**

Phrynocephalus theobaldi

中国特有种，西藏荒漠戈壁中最常见的蜥蜴。体短而平扁，背面灰色、浅棕色或浅蓝灰色，四肢短小，鼻孔上可闭合的瓣膜能防止沙尘钻入。栖息于海拔3 000~4 000米或以上的高山荒漠带。穴居。

摄影 / 覃海华

摄影 / 覃海华

摄影 / 潘虎君

南峰晨蛇

Orthriophis hodgsonii

通体橄榄棕色，背鳞边缘黑色，腹面黄绿色。中国地区极为罕见的无毒蛇，于1983年首次在中国境内发现。本次为该蛇在我国最西和最北分布的首次记录。

摄影 / 张亮

摄影 / 潘虎君

摄影 / 潘虎君

摄影 / 覃海华

摄影 / 潘虎君

● **平头腹链蛇**

Amphiesma platyceps

身体及尾背面橄榄绿色，具黑色网纹，自眼前有一细黑纹向后斜达口角，颈侧具镶黑边的白色颈斑，体侧黑点前后缀呈链状。尾腹面的黑色点斑略呈3纵行。在中国仅分布于西藏聂拉木县樟木镇。标本采集于海拔2 290~2 400米的山区公路旁石缝。

摄影 / 潘虎君

● 西藏竹叶青

Trimeresurus tibetanus

管牙类毒蛇。通体绿色，背面有若干锈红色斑，鼻孔和眼见具颊窝，尾尖绿色。瞳孔直立，椭圆形。栖息于喜马拉雅南翼山区林中，昼间活动，以鸟、鼠等为食。

摄影 / 李晶晶

第四章　动物资源　059
CHAPTER 4 Wildlife Resources

摄影 / 覃海华

聂拉木县林业局供图

● **山烙铁头蛇**

Ovophis monticola

　　管牙类毒蛇，因三角形的头形似烙铁而得名。身体粗短，头背及侧面黑褐色，头侧具颊窝，背部具两行暗褐色或深棕色大块斑。栖息于山地或密林的落叶堆或倒木下，喜高湿阴凉环境。

● **喜山原矛头蝮（新种）**

Protobothrops himalayanus

全长1 054~1 510毫米的大型蝮蛇。头长三角形，头颈区分明显，瞳孔垂直。头背深褐色，一红棕色细纹由眼前通过颞部直达下颚后缘。体背及尾橄榄绿色，点缀带黑边的红棕色斑纹。腹面灰白色，腹鳞上散布着细小的灰褐色斑点。模式标本采集于西藏吉隆县。樟木沟、绒辖沟和陈塘沟为该蛇潜在分布区。

摄影 / 潘虎君

摄影 / 潘虎君

摄影 / 覃海华

4 鸟类

4.1 研究方法

4.1.1 调查地点

调查范围涵盖了保护区全境，其中包括了绒辖沟、陈塘沟、樟木沟和吉隆沟4条沟谷地带。行政区域隶属于日喀则地区的定日县、定结县、聂拉木县和吉隆县。调查点具体见图4-6。

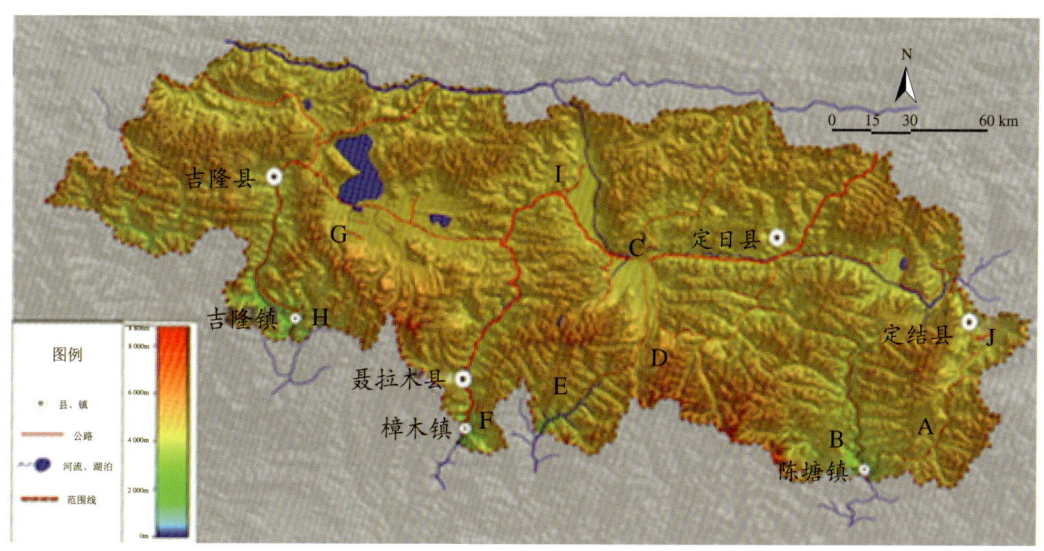

图4-6　珠穆朗玛峰国家级自然保护区鸟类调查点位置示意图

注：A—日屋，B—陈塘沟，C—岗嘎，D—卓奥友峰，E—绒辖沟，F—樟木沟，G—色龙，H—吉隆沟，I—琐作，J—定结县。

4.1.2 调查时间

调查时间为2010年10月至2012年10月，共127个工作日，7次调查。

具体调查日期为：2010年10月9—26日（18天），2011年4月27日至5月17日（21天），2011年5月6—13日（8天），2011年8月6—10日（5天），2012年5月17日至6月8日（23天），2012年7月31日至8月29日（30天），2012年9月22日至10

月 13 日（22 天）。

4.1.3 调查方法

4.1.3.1 样带法

调查时以双筒望远镜（Bushnell 8×42）、单筒望远镜［Bushnell ELITE（20~60）毫米×80毫米］观察为主，辅以鸣声辨别、摄影取证等其他手段，相机为佳能550D机身配100~400毫米变焦镜头。保护区南翼以步行方式进行，样带长度为2.5~5.0千米，宽度为50米，速度为1~2千米/小时；北翼以行车方式进行，样带长度为10~20千米，宽度为100米，速度为10~20千米/小时。共设样线66条，样线总长度435.9千米，覆盖面积4 385千米^2，占保护区总面积的12.9%。每天调查时间设为7:00~11:00和15:00~18:00，具体调查时间以当地日出、日落时间及天气状况略作调整。采用HOULX M-241A GPS 记录样线轨迹、海拔及发现地位置。

4.1.3.2 访问调查法

采用直接访问法。访问当地保护区、保护站工作人员、护林员、森林公安、边防官兵、农牧民及其他熟悉当地环境和动物情况的人员为主。以《中国鸟类野外手册》（约翰·马敬能 等，2000）作为辨识工具。

4.1.3.3 垂直变化

保护区南翼调查区域的海拔带划分为1 600~2 500米、2 500~3 100米、3 100~4 000米、4 000~4 800米、4 800~5 500米，与中国科学院青藏高原综合科学考察队（1983）对植被垂直带的划分一致。

物种海拔的分布范围以实际发现地的最低海拔和最高海拔为主，辅以访问调查，并参考《珠穆朗玛峰地区科学考察报告——生物与高山地理》（中国科学院西藏科学考察队，1974）、《西藏鸟类志》（中国科学院青藏高原综合科学考察队，1983）和《中国鸟类野外手册》（约翰·马敬能 等，2000）。

分布型及区系成分参照《中国动物地理》（张荣祖，2011）。

4.1.4 物种鉴定与分类

物种鉴定主要参考《Birds of Nepal》（Richard *et al.*, 2000）、《Raptors of the World》（James *et al.*, 2006）和《中国鸟类野外手册》（约翰·马敬能 等，2000），分类系统及中国特有种主要参考《中国鸟类分类与分布名录》（第二版）（郑光美，2011）。青藏高原特有种参考《西藏鸟类志》（中国科学院青藏高原综合科学考察队，1983）。国家重点保护等级参考1988年国务院批准的国家重点保护动物名录，CITES 附录参考中华人民共和国濒危物种进出口办公室和濒危物种科学委员会（2011），IUCN 濒危等级以 IUCN 官方网站（http://www.iucnredlist.org）为准。

4.2 结果

4.2.1 区系

目前共记录鸟类 18 目 54 科 281 种，结合历史文献资料共计 18 目 62 科 390 种，占西藏自治区已知鸟类总数的 82.5%，其中，繁殖鸟 295 种，包括留鸟 222 种，夏候鸟 77 种；非繁殖鸟 84 种，包括旅鸟 60 种，冬候鸟 24 种。

保护区位于两个动物地理界的分界位置，故东洋界、古北界物种数量基本相当，分别为 178 种和 164 种，广布种只有 48 种；物种的地域特征明显，以古北型、喜马拉雅—横断山区型和东洋型鸟类占主要优势，数量分别为 79 种、96 种和 94 种，其他分布型皆少于 30 种。

4.2.2 特有种

中国特有鸟类 6 种，包括藏马鸡 *Crossoptilon harmani*、大噪鹛 *Garrulax maximus*、灰腹噪鹛 *Garrulax henrici*、金额雀鹛 *Alcippe variegaticeps*、黄腹山雀 *Parus venustulus* 和地山雀 *Pseudopodoces humilis*。

青藏高原特有鸟类 16 种，包括藏雪鸡 *Tetraogallus tibetanus*、红胸角雉 *Tragopan satyra*、灰腹角雉 *Tragopan blythii*、棕尾虹雉 *Lophophorus impejanus*、黑鹇 *Lophura leucomelanos*、黑颈鹤 *Grus nigricollis*、西藏毛腿沙鸡 *Syrrhaptes tibetanus*、长嘴百灵 *Melanocorypha maxima*、地山雀、红腹旋木雀 *Certhia nipalensis*、褐翅雪雀 *Montifringilla adamsi*、白腰雪雀 *Onychostruthus taczanowskii*、棕颈雪雀 *Pyrgilauda ruficollis*、棕背雪雀 *Pyrgilauda blanfordi*、赤朱雀 *Carpodacus rubescens* 和红头灰雀 *Pyrrhula erythrocephala*。

喜马拉雅山脉特有鸟类 6 种，即红胸角雉、灰腹角雉、棕尾虹雉、黑鹇、红腹旋木雀和红头灰雀。

表 4-4　珠穆朗玛峰国家级自然保护区鸟类

物　种	区系	居留型	受胁等级	南翼海拔范围	收录来源
Ⅰ 䴙䴘目 **PODICIPEDIFORMES**					
（一）䴙䴘科 **Podicipedidae**					
1. 小䴙䴘# *Tachybaptus ruficollis*	C	R	3,LC		S
2. 凤头䴙䴘# *Podiceps cristatus*	C	S，W	3,LC		S
Ⅱ 鹈形目 **PELECANIFORMES**					
（二）鸬鹚科 **Phalacrocoracidae**					
3. 普通鸬鹚# *Phalacrocorax carbo*	C	S，P	3,LC		D
Ⅲ 鹳形目 **CICONIIFORMES**					
（三）鹭科 **Ardeidae**					
4. 苍鹭# *Ardea cinerea*	P	S	3,LC		S
5. 大白鹭* *Egretta alba*	O	P	3,LC		D
6. 牛背鹭* *Bubulcus ibis*	O	S	3,LC		D
Ⅳ 雁形目 **ANSERIFORMES**					
（四）鸭科 **Anatidae**					
7. 斑头雁# *Anser indicus*	P	S，P	3,LC		S
8. 赤麻鸭# *Tadorna ferruginea*	P	S，R	3,LC		S
9. 翘鼻麻鸭# *Tadorna tadorna*	P	S	3,LC		D
10. 赤颈鸭# *Anas penelope*	P	W	3,LC		S
11. 赤膀鸭# *Anas strepera*	P	W，P	3,LC		S
12. 绿翅鸭# *Anas crecca*	P	W	3,LC		S
13. 绿头鸭# *Anas platyrhynchos*	P	S	3,LC		S
14. 针尾鸭# *Anas acuta*	P	W，P	3,LC		S
15. 赤嘴潜鸭# *Netta rufina*	P	P	3,LC		S
16. 白眼潜鸭# *Aythya nyroca*	P	S，P	3,NT		S
17. 凤头潜鸭# *Aythya fuligula*	P	P	3,LC		S
18. 普通秋沙鸭# *Mergus merganser*	P	W	3,LC		S
Ⅴ 隼形目 **FALCONIFORMES**					
（五）鹗科 **Pandionidae**					
19. 鹗# *Pandion haliaetus*	P	R	2,Ⅱ,LC		S
（六）鹰科 **Accipitridae**					
20. 凤头蜂鹰* *Pernis ptilorhyncus*	C	P	2,Ⅱ,LC	2，3	S
21. 黑鸢* *Milvus lineatus*	C	R	2,Ⅱ	3	S
22. 玉带海雕# *Haliaeetus leucoryphus*	P	S	1,Ⅱ,VU		D
23. 白尾海雕# *Haliaeetus albicilla*	P	W，P	1,Ⅰ,LC		D

（续表）

物 种	区系	居留型	受胁等级	南翼海拔范围	收录来源
24. 胡兀鹫#* Gypaetus barbatus	P	R	1,Ⅱ,LC	2,3,4,5	S
25. 高山兀鹫#* Gyps himalayensis	P	R	2,Ⅱ,LC	2,3,4	S
26. 秃鹫#* Aegypius monachus	P	R	2,Ⅱ,NT	3	D
27. 兀鹫* Gyps fulvus	O	R	2,Ⅱ,LC	4	S
28. 蛇雕* Spilornis cheela	O	R	2,Ⅱ,LC	2	S
29. 白尾鹞* Circus cyaneus	P	W	2,Ⅱ,LC	2,3,4	S
30. 凤头鹰* Accipiter trivirgatus	C	R	2,Ⅱ,LC	1	S
31. 褐耳鹰* Accipiter badius	O	R	2,Ⅱ,LC	2	S
32. 松雀鹰* Accipiter virgatus	O	R	2,Ⅱ,LC	1	S
33. 雀鹰* Accipiter nisus	P	R	2,Ⅱ,LC	3	S
34. 苍鹰* Accipiter gentilis	P	W，P	2,Ⅱ,LC	3	S
35. 白眼鵟鹰* Butastur teesa	O	R	2,Ⅱ,LC		D
36. 普通鵟#* Buteo buteo	P	R，P	2,Ⅱ,LC	2,3	S
37. 大鵟#* Buteo hemilasius	P	S	2,Ⅱ,LC	2,3,4	S
38. 林雕* Ictinaetus malayensis	O	R	2,Ⅱ,LC	2	S
39. 乌雕* Aquila clanga	P	P	2,Ⅱ,VU	3	S
40. 草原雕#* Aquila nipalensis	P	W，P	2,Ⅱ,LC	2	S
41. 金雕* Aquila chrysaetos	P	R	1,Ⅱ,LC	1,2,3	S
42. 靴隼雕* Hieraaetus pennatus	P	R	2,Ⅱ,LC	1,2	S
43. 鹰雕* Spizaetus nipalensis	O	R	2,Ⅱ	1	S
44. 凤头鹰雕* Spizaetus cirrhatus	O	R	2,Ⅱ	1	D
（七）隼科 Falconidae					
45. 红隼#* Falco tinnunculus	C	R	2,Ⅱ,LC	2,3,4,5	S
46. 灰背隼* Falco columbarius	P	W	2,Ⅱ,LC	2,3	D
47. 燕隼* Falco subbuteo	P	S	2,Ⅱ,LC	1	S
48. 猎隼# Falco cherrug	P	S	2,Ⅱ,EN		S
Ⅵ鸡形目 GALLIFORMES					
（八）雉科 Phasianidae					
49. 雪鹑* Lerwa lerwa	P	R	2,LC	3,4	D
50. 藏雪鸡#*◆ Tetraogallus tibetanus	P	R	2,Ⅰ,LC	3,4,5	S
51. 石鸡* Alectoris chukar	P	R	3,LC	2,3	S
52. 高原山鹑#* Perdix hodgsoniae	P	R	3,LC	4,5	S
53. 鹌鹑* Coturnix coturnix	P	W	3,LC	2,3	D

（续表）

物　种	区系	居留型	受胁等级	南翼海拔范围	收录来源
54. 环颈山鹧鸪* Arborophila torqueola	O	R	3,LC	1	D
55. 红胸山鹧鸪* Arborophila mandellii	O	R	3,VU	1	D
56. 血雉* Ithaginis cruentus	P	R	2,Ⅱ,LC	3,4	S
57. 红胸角雉*◆▲Tragopan satyra	O	R	1,Ⅲ,NT	1,2,3	D
58. 灰腹角雉*◆▲Tragopan blythii	O	R	1,Ⅰ,VU	1,2,3	D
59. 红腹角雉* Tragopan temminckii	O	R	2,LC	1,2,3	S
60. 棕尾虹雉*◆▲Lophophorus impejanus	O	R	1,Ⅰ,LC	2,3	S
61. 黑鹇*◆▲Lophura leucomelanos	O	R	2,LC	1,2,3	S
62. 藏马鸡*★Crossoptilon harmani	O	R	2,NT	3,4	D
63. 环颈雉* Phasianus colchicus	C	R	3,LC	1,2,3	D
Ⅶ鹤形目 GRUIFORMES					
（九）鹤科 Gruidae					
64. 灰鹤# Grus grus	P	S,P	2,Ⅱ,LC		S
65. 黑颈鹤#◆Grus nigricollis	P	W	1,Ⅰ,VU		S
（十）秧鸡科 Rallidae					
66. 棕背田鸡* Porzana bicolor	O	R	2	1,2,3	D
67. 黑水鸡* Gallinula chloropus	C	S,P	3,LC	3	S
68. 白骨顶# Fulica atra	C	S	3,LC		S
Ⅷ鸻形目 CHARADRIIFORMES					
（十一）彩鹬科 Rostratulidae					
69. 彩鹬* Rostratula benghalensis	O	S	3,LC	4	S
（十二）鹮嘴鹬科 Ibidorhynchidae					
70. 鹮嘴鹬#* Ibidorhyncha struthersii	P	R	3,LC	1,2,3,4	S
（十三）反嘴鹬科 Recurvirostridae					
71. 黑翅长脚鹬* Himantopus himantopus	C	P	3,LC	4	D
72. 反嘴鹬* Recurvirostra avosetta	P	P	3,LC	4	D
（十四）燕鸻科 Glareolidae					
73. 普通燕鸻* Glareola maldivarum	O	S,P	3,LC	4	D
（十五）鸻科 Charadriidae					
74. 凤头麦鸡* Vanellus vanellus	P	P	3,LC	4	D
75. 金鸻# Pluvialis fulva	P	P	3,LC		D
76. 剑鸻# Charadrius hiaticula	P	P	3,LC		D
77. 长嘴剑鸻# Charadrius placidus	C	P	3,LC		D

（续表）

物　种	区系	居留型	受胁等级	南翼海拔范围	收录来源
78. 金眶鸻# *Charadrius dubius*	C	S，P	3,LC		D
79. 蒙古沙鸻# *Charadrius mongolus*	C	S	3,LC		S
（十六）鹬科 **Scolopacidae**					
80. 丘鹬# *Scolopax rusticola*	P	P	3,LC		D
81. 孤沙锥# *Gallinago solitaria*	P	W，P	3,LC		D
82. 林沙锥# *Gallinago nemoricola*	O	S	3,VU		D
83. 针尾沙锥# *Gallinago stenura*	P	P	3,LC		D
84. 大沙锥# *Gallinago megala*	P	P	3,LC		D
85. 扇尾沙锥# *Gallinago gallinago*	P	P	3,LC		D
86. 中杓鹬# *Numenius phaeopus*	P	P	3,LC		D
87. 白腰杓鹬# *Numenius arquata*	P	W	3,NT		S
88. 鹤鹬# *Tringa totanus*	P	P	3,LC		D
89. 红脚鹬# *Tringa totanus*	P	P	3,LC		S
90. 青脚鹬# *Tringa nebularia*	P	P	3,LC		D
91. 白腰草鹬# *Tringa ochropus*	P	P	3,LC		S
92. 林鹬# *Tringa glareola*	P	P	3,LC		S
93. 矶鹬#* *Actitis hypoleucos*	P	P	3,LC	4	S
94. 翻石鹬# *Arenaria interpres*	P	P	3,LC		S
95. 三趾滨鹬# *Calidris alba*	P	P	3,LC		D
96. 小滨鹬# *Calidris minuta*	P	P	3,LC		S
97. 青脚滨鹬# *Calidris temminckii*	P	P	3,LC		S
98. 弯嘴滨鹬# *Calidris ferruginea*	P	P	3,LC		D
99. 流苏鹬# *Philomachus pugnax*	P	P	3,LC		D
（十七）鸥科 **Laridae**					
100. 渔鸥# *Larus ichthyaetus*	P	S，P	3,LC		S
101. 棕头鸥# *Larus brunnicephalus*	P	S，W	3,LC		S
102. 红嘴鸥# *Larus ridibundus*	P	W	3,LC		S
（十八）燕鸥科 **Sternidae**					
103. 普通燕鸥# *Sterna hirundo*	C	S	3,LC		S
104. 黑腹燕鸥# *Sterna acuticauda*	P	P	3,EN		S
105. 灰翅浮鸥# *Chlidonias hybrida*	P	P	3,LC		D
IX 沙鸡目 **PTEROCLIFORMES**					
（十九）沙鸡科 **Pteroclidae**					

（续表）

物　种	区系	居留型	受胁等级	南翼海拔范围	收录来源
106. 西藏毛腿沙鸡#◆ *Syrrhaptes tibetanus*	P	R	3,LC		D
X 鸽形目 **COLUMBIFORMES**					
（二十）鸠鸽科 **Columbidae**					
107. 原鸽* *Columba livia*	P	R	3,LC	1,2,3	S
108. 岩鸽#* *Columba rupestris*	P	R	3,LC	3,4,5	S
109. 雪鸽* *Columba leuconota*	P	R	3,LC	2,3	S
110. 斑林鸽* *Columba hodgsonii*	O	R	3,LC	1,2,3	S
111. 灰林鸽* *Columba pulchricollis*	O	R	3,LC	1,2	D
112. 紫林鸽* *Columba punicea*	O	R	3,VU	2	D
113. 欧斑鸠* *Streptopelia turtur*	P	R	3,LC	3	S
114. 山斑鸠* *Streptopelia orientalis*	C	R	3,LC	1,2,3	S
115. 灰斑鸠* *Streptopelia decaocto*	O	R	3,LC	1	D
116. 火斑鸠* *Streptopelia tranquebarica*	O	R	3,LC	1	D
117. 珠颈斑鸠* *Streptopelia chinensis*	O	R	3,LC	1,2,3	D
118. 楔尾绿鸠* *Treron sphenura*	O	R	2,LC	1	D
XI 鹃形目 **CUCULIFORMES**					
（二十一）杜鹃科 **Cuculidae**					
119. 斑翅凤头鹃* *Clamator jacobinus*	O	S	3,LC	1	D
120. 大鹰鹃* *Cuculus sparverioides*	O	S	3,LC	1,2	S
121. 四声杜鹃* *Cuculus micropterus*	O	S	3,LC	2	S
122. 大杜鹃* *Cuculus canorus*	C	S	3,LC	1,2	S
123. 中杜鹃* *Cuculus saturatus*	C	S	3,LC	1,2	S
124. 小杜鹃* *Cuculus poliocephalus*	C	S	3,LC	1,2	S
125. 八声杜鹃* *Cacomantis merulinus*	O	S	3,LC	1	S
XII 鸮形目 **STRIGIFORMES**					
（二十二）鸱鸮科 **Strigidae**					
126. 雕鸮* *Bubo bubo*	P	R	2,Ⅱ,LC	1	D
127. 灰林鸮* *Strix aluco*	P	R	2,Ⅱ,LC	3	D
128. 领鸺鹠* *Glaucidium brodiei*	O	R	2,Ⅱ,LC	1	S
129. 斑头鸺鹠* *Glaucidium cuculoides*	O	R	2,Ⅱ,LC	1	D
130. 纵纹腹小鸮#* *Athene noctua*	P	R	2,Ⅱ,LC	5	S
131. 长耳鸮* *Asio otus*	P	R	2,Ⅱ,LC	2,3	D
132. 短耳鸮* *Asio flammeus*	C	W	2,Ⅱ,LC	2,3	D

（续表）

物　种	区系	居留型	受胁等级	南翼海拔范围	收录来源
ⅩⅢ 夜鹰目 **CAPRIMULGIFORMES**					
（二十三）夜鹰科 **Caprimulgidae**					
133. 普通夜鹰* *Caprimulgus indicus*	C	R	3,LC	1	D
134. 林夜鹰* *Caprimulgus affinis*	O	R	3,LC	1,2	S
ⅩⅣ 雨燕目 **APODIFORMES**					
（二十四）雨燕科 **Apodidae**					
135. 短嘴金丝燕# *Collocalia brevirostris*	O	R	3,LC		S
136. 普通楼燕* *Apus apus*	P	P	3,LC		D
137. 白腰雨燕#* *Apus pacificus*	P	S	3,LC	2	S
138. 小白腰雨燕* *Apus affinis*	O	S	3,LC	1,2,3	S
ⅩⅤ 佛法僧目 **CORACIIFORMRS**					
（二十五）翠鸟科 **Alcedinidae**					
139. 普通翠鸟* *Alcedo atthis*	C	R	3,LC	1	D
（二十六）佛法僧科 **Coraciidae**					
140. 蓝胸佛法僧* *Coracias garrulus*	P	S	3,LC	1	D
141. 棕胸佛法僧* *Coracias benghalensis*	O	R	3,LC	1	D
ⅩⅥ 戴胜目 **UPUPIFORMES**					
（二十七）戴胜科 **Upupidae**					
142. 戴胜#* *Upupa epops*	C	S	3,LC	2,3,4,5	S
ⅩⅦ 鴷形目 **PICIFORMES**					
（二十八）须鴷科 **Capitonidae**					
143. 大拟啄木鸟* *Megalaima virens*	O	R	3,LC	1,2	S
144. 金喉拟啄木鸟* *Megalaima franklinii*	O	R	3,LC	1	D
（二十九）响蜜鴷科 **Indicatoridae**					
145. 黄腰响蜜鴷* *Indicator xanthonotus*	O	R	NT	1,2	S
（三十）啄木鸟科 **Picidae**					
146. 蚁鴷 *Jynx torquilla*	C	S, P	3,LC	1,2	D
147. 斑姬啄木鸟* *Picumnus innominatus*	O	R	3,LC	1	S
148. 棕腹啄木鸟* *Dendrocopos hyperythrus*	O	R	3,LC	1,2,3	D
149. 黄颈啄木鸟* *Dendrocopos darjellensis*	O	R	3,LC	1,2	S
150. 赤胸啄木鸟* *Dendrocopos cathpharius*	O	R	3,LC	1,2	S
151. 大黄冠啄木鸟* *Picus flavinucha*	O	R	3,LC	1	D
152. 鳞腹绿啄木鸟* *Picus squamatus*	O	R	3,LC	1,2,3	S

（续表）

物 种	区系	居留型	受胁等级	南翼海拔范围	收录来源
153. 灰头绿啄木鸟* Picus canus	C	R	3,LC	1,2	D
154. 黄嘴栗啄木鸟* Blythipicus pyrrhotis	O	R	3,LC	1	S
155. 棕额啄木鸟* Dendrocopos auriceps	O	R	LC	1,2	S
XⅧ 雀形目 PASSERIFORMES					
（三十一）百灵科 Alaudidae					
156. 长嘴百灵#◆ Melanocorypha maxima	P	R	LC		D
157. 大短趾百灵# Calandrella brachydactyla	P	S	LC		D
158. 细嘴短趾百灵# Calandrella acutirostris	P	S	LC		
159. 短趾百灵#* Calandrella cheleensis	P	S	LC	5	S
160. 凤头百灵#* Galerida cristata	P	R	LC	4	D
161. 小云雀#* Alauda gulgula	C	S	3,LC	3,4	S
162. 角百灵#* Eremophila alpestris	P	R	3,LC	4,5	S
（三十二）燕科 Hirundinidae					
163. 崖沙燕#* Riparia riparia	P	S	3,LC	4	S
164. 岩燕* Hirundo rupestris	C	R，S	3,LC	3,4	S
165. 家燕#* Hirundo rustica	C	S	3,LC	4	S
166. 毛脚燕* Delichon urbia	P	S		1	D
167. 烟腹毛脚燕* Delichon dasypus	P	S	3,LC	1,2	S
168. 黑喉毛脚燕* Delichon nipalensis	O	R	3,LC	1,2,3	S
（三十三）鹡鸰科 Motacillidae					
169. 白鹡鸰#* Motacilla alba	C	P	3,LC	2,3,4,5	S
170. 黄头鹡鸰#* Motacilla citreola	P	S	3,LC	4	S
171. 黄鹡鸰* Motacilla flava	P	P	3,LC	2,3,4	S
172. 灰鹡鸰* Motacilla cinerea	C	P	3,LC	1,2,3,4	S
173. 平原鹨* Anthus campestris	P	S	3,LC	1,2,3	D
174. 布氏鹨* Anthus godlewskii	P	S	3,LC	1,2,3	S
175. 林鹨* Anthus trivialis	P	P	3,LC	1,2,3,4	D
176. 树鹨#* Anthus hodgsoni	P	P	3,LC	1,2,3,4	S
177. 粉红胸鹨* Anthus roseatus	C	S	3,LC	2,3,4	S
（三十四）山椒鸟科 Campephagidae					
178. 长尾山椒鸟* Pericrocotus ethologus	O	S	3,LC	1,2	S
179. 短嘴山椒鸟* Pericrocotus brevirostris	O	S	3,LC	1,2,3	S
180. 赤红山椒鸟* Pericrocotus flammeus	O	R	3,LC	1	S

（续表）

物　种	区系	居留型	受胁等级	南翼海拔范围	收录来源
181. 灰喉山椒鸟* *Pericrocotus solaris*	O	R	3,LC	1	S
（三十五）鹎科 **Pycnonotidae**					
182. 白颊鹎* *Pycnonotus leucogenys*	O	R	LC	1	S
183. 红耳鹎* *Pycnonotus jocosus*	O	R	3,LC	1	S
184. 黑短脚鹎* *Hypsipetes leucocephalus*	O	R	3,LC	1	S
（三十六）伯劳科 **Laniidae**					
185. 棕背伯劳* *Lanius schach*	O	R	3,LC	2	S
186. 灰背伯劳#* *Lanius tephronotus*	P	S，P	3,LC	2,3	S
（三十七）黄鹂科 **Oriolidae**					
187. 黑头黄鹂* *Oriolus xanthornus*	O	S	3,LC	2	S
188. 朱鹂* *Oriolus traillii*	O	R	3,LC	1,2,3	S
189. 鹊鹂* *Oriolus mellianus*	O	S	3,EN	1,2	S
（三十八）卷尾科 **Dicruridae**					
190. 黑卷尾#* *Dicrurus macrocercus*	O	S	3,LC	1,2	S
191. 灰卷尾* *Dicrurus leucophaeus*	O	S	3,LC	1	S
（三十九）椋鸟科 **Sturnidae**					
192. 灰头椋鸟* *Sturnus malabaricus*	O	R	3,LC	1	D
（四十）鸦科 **Corvidae**					
193. 黑头噪鸦* *Perisoreus internigrans*	P	R	3,VU	3	D
194. 松鸦* *Garrulus glandarius*	P	R	LC	2,3	S
195. 黄嘴蓝鹊* *Urocissa flavirostris*	O	R	LC	1,2,3	S
196. 蓝绿鹊* *Cissa chinensis*	O	R	3,LC	2	S
197. 灰树鹊* *Dendrocitta formosae*	O	R	3,LC	1	D
198. 喜鹊#* *Pica pica*	C	R	3,LC	2,3,4	S
199. 星鸦* *Nucifraga caryocatactes*	P	R	LC	2,3	S
200. 红嘴山鸦#* *Pyrrhocorax pyrrhocorax*	P	R	3,LC	2,3,4,5	S
201. 黄嘴山鸦#* *Pyrrhocorax graculus*	P	R	LC	3,4,5	S
202. 寒鸦# *Corvus monedula*	P	W	LC		D
203. 家鸦# *Corvus splendens*	O	R	LC		D
204. 大嘴乌鸦#* *Corvus macrorhynchos*	C	R	LC	1,2,3,4,5	S
205. 渡鸦#* *Corvus corax*	C	R	3,LC	4	S
（四十一）河乌科 **Cinclidae**					
206. 河乌* *Cinclus cinclus*	P	R	LC	3,4	S

（续表）

物　种	区系	居留型	受胁等级	南翼海拔范围	收录来源
207. 褐河乌* Cinclus pallasii	C	R	LC	1,2,3	S
（四十二）鹪鹩科 Troglodytidae					
208. 鹪鹩* Troglodytes troglodytes	C	R	LC	3,4	S
（四十三）岩鹨科 Prunellidae					
209. 领岩鹨#* Prunella collaris	P	R	LC	4	S
210. 高原岩鹨#* Prunella himalayana	P	R	LC	4,5	D
211. 鸲岩鹨#* Prunella rubeculoides	P	R	LC	4,5	S
212. 棕胸岩鹨#* Prunella strophiata	P	R	LC	2,3,4	S
213. 褐岩鹨#* Prunella fulvescens	P	R	LC	3,4,5	S
（四十四）鸫科 Turdidae					
214. 蓝短翅鸫* Brachypteryx montana	O	R	LC	1,2	S
215. 黑胸歌鸲* Luscinia pectoralis	P	S	LC	4	S
216. 蓝喉歌鸲* Luscinia svecica	P	P	3,LC	1,2	S
217. 栗腹歌鸲* Luscinia brunnea	P	S	LC	1,2	S
218. 蓝歌鸲* Luscinia cyane	P	P	3,LC	1	D
219. 红胁蓝尾鸲* Tarsiger cyanurus	P	S	3,LC	3	S
220. 金色林鸲* Tarsiger chrysaeus	O	S	LC	2,3	S
221. 棕腹林鸲* Tarsiger hyperythrus	O	R	3,LC	1	D
222. 赭红尾鸲#* Phoenicurus ochruros	P	S	LC	1,2,3,4,5	S
223. 黑喉红尾鸲* Phoenicurus hodgsoni	P	S	LC	2,3,4	S
224. 白喉红尾鸲* Phoenicurus schisticeps	P	R	LC	2,3,4	D
225. 北红尾鸲* Phoenicurus auroreus	P	W	3,LC	2,3	S
226. 红腹红尾鸲#* Phoenicurus erythrogaster	P	S	LC	3,4,5	S
227. 蓝额红尾鸲* Phoenicurus frontalis	P	R	LC	2,3,4	S
228. 红尾水鸲* Rhyacornis fuliginosus	C	R	LC	1,2,3,4	S
229. 白顶溪鸲* Chaimarrornis leucocephalus	C	R	LC	1,2,3	S
230. 白腹短翅鸲* Hodgsonius phaenicuroides	P	R	LC	1,2,3	S
231. 蓝大翅鸲* Grandala coelicolor	P	R	LC	2,3,4	S
232. 白尾蓝地鸲* Myiomela leucura	O	R		1	S
233. 小燕尾* Enicurus scouleri	O	R	LC	1,2,3	S
234. 黑背燕尾* Enicurus immaculatus	O	R	LC	1,2	S
235. 斑背燕尾* Enicurus maculatus	O	R	LC	1,2,3	S
236. 黑喉石鸭#* Saxicola torquata	P	P	3,LC	1,2,3,4	S

（续表）

物　　种	区系	居留型	受胁等级	南翼海拔范围	收录来源
237. 灰林䳭* Saxicola ferrea	O	R	LC	1,2,3	S
238. 漠䳭#* Oenanthe deserti	P	R	LC	4,5	S
239. 栗腹矶鸫* Monticola rufiventris	O	R	LC	1,2	S
240. 蓝矶鸫* Monticola solitarius	C	R	LC	4	S
241. 紫啸鸫* Myophonus caeruleus	O	W	LC	1,2,3	S
242. 光背地鸫* Zoothera mollissima	O	S	LC	1,2	D
243. 长尾地鸫* Zoothera dixoni	O	W	LC	1,2,3	D
244. 虎斑地鸫* Zoothera dauma	C	P	3,LC	1,2	D
245. 黑胸鸫* Turdus dissimilis	O	P	3,LC	1,2	D
246. 白颈鸫* Turdus albocinctus	O	R	LC	1,2	S
247. 灰翅鸫* Turdus boulboul	O	W	LC	1,2	S
248. 乌鸫* Turdus merula	C	R	LC	2,3	D
249. 灰头鸫* Turdus rubrocanus	P	R	LC	2,3	D
250. 赤颈鸫* Turdus ruficollis	P	W	LC	2,3	S
（四十五）鹟科 **Muscicapidae**					
251. 乌鹟* Muscicapa sibirica	P	S	3,LC	1,2	S
252. 北灰鹟* Muscicapa dauurica	C	S	3,LC	1	S
253. 橙胸姬鹟* Ficedula strophiata	O	S	LC	1,2,3	S
254. 棕胸蓝姬鹟* Ficedula hyperythra	O	S	LC	2	S
255. 白眉蓝姬鹟* Ficedula superciliaris	O	S	LC	2,3	S
256. 灰蓝姬鹟* Ficedula tricolor	O	S	LC	2,3	S
257. 铜蓝鹟* Eumyias thalassina	O	S	LC	1,2	S
258. 小仙鹟* Niltava macgrigoriae	O	S	LC	1,2	S
259. 棕腹仙鹟* Niltava sundara	O	S	LC	2,3	S
260. 纯蓝仙鹟* Cyornis unicolor	O	S	LC	1	S
261. 侏蓝仙鹟* Muscicapella hodgsoni	O	S	LC	1,2	S
262. 方尾鹟* Culicicapa ceylonensis	O	S	LC	1	S
（四十六）扇尾鹟科 **Rhipiduridae**					
263. 黄腹扇尾鹟* Rhipidura hypoxantha	O	S	LC	1,2,3	S
264. 白喉扇尾鹟* Rhipidura albicollis	O	S	LC	1,2	S
（四十七）画眉科 **Timaliidae**					
265. 白喉噪鹛* Garrulax albogularis	O	R	3,LC	1,2,3	S
266. 条纹噪鹛* Garrulax striatus	O	R	3,LC	1,2,3	S

（续表）

物　种	区系	居留型	受胁等级	南翼海拔范围	收录来源
267. 眼纹噪鹛* Garrulax ocellatus	O	R	3,LC	2	S
268. 大噪鹛*★Garrulax maximus	O	R	3,LC	2,3	S
269. 细纹噪鹛* Garrulax lineatus	O	R	3,LC	1,2,3,4	S
270. 纯色噪鹛* Garrulax subunicolor	O	R	3,LC	2,3	S
271. 蓝翅噪鹛* Garrulax squamatus	O	R	3,LC	1	S
272. 杂色噪鹛* Garrulax variegatus	O	R	3,LC	1,2,3,4	S
273. 灰腹噪鹛*★Garrulax henrici	O	R	3,LC	2	S
274. 黑顶噪鹛* Garrulax affinis	O	R	3,LC	1,2,3	S
275. 红头噪鹛* Garrulax erythrocephalus	O	R	3,LC	1,2	S
276. 斑胸钩嘴鹛* Pomatorhinus erythrogenys	O	R	LC	1	S
277. 棕颈钩嘴鹛* Pomatorhinus ruficollis	O	R	LC	1	S
278. 鳞胸鹪鹛* Pnoepyga albiventer	O	R	LC	1,2,3	S
279. 小鳞胸鹪鹛* Pnoepyga pusilla	O	R	LC	1	D
280. 红嘴相思鸟* Leiothrix lutea	O	R	3,Ⅱ,LC	1	S
281. 红翅鸡鹛* Pteruthius flaviscapis	O	R	LC	1	S
282. 淡绿鸡鹛* Pteruthius xanthochlorus	O	R	LC	1,2,3	S
283. 栗喉鸡鹛* Pteruthius melanotis	O	R	LC	1	D
284. 纹头斑翅鹛* Actinodura nipalensis	O	R	LC	2	S
285. 纹胸斑翅鹛* Actinodura waldeni	O	R	LC	1	D
286. 栗额斑翅鹛* Actinodura egertoni	O	R	LC	1	S
287. 蓝翅希鹛* Minla cyanouroptera	O	R	LC	1,2,3	S
288. 斑喉希鹛* Minla strigula	O	R	LC	1,2,3	S
289. 金额雀鹛*★Alcippe variegaticeps	O	R	3,VU	1	S
290. 栗头雀鹛* Alcippe castaneceps	O	R	LC	1,2	S
291. 白眉雀鹛* Alcippe vinipectus	O	R	LC	1,2,3	S
292. 褐胁雀鹛* Alcippe dubia	O	R	LC	2	S
293. 白眶雀鹛* Alcippe nipalensis	O	R	LC	2	S
294. 黑顶奇鹛* Heterophasia capistrata	O	R	LC	1,2,3	S
295. 黄颈凤鹛* Yuhina flavicollis	O	R	LC	1,2,3	S
296. 纹喉凤鹛* Yuhina gularis	O	R	LC	2,3	S
297. 棕臀凤鹛* Yuhina occipitalis	O	R	LC	2,3	S
298. 火尾绿鹛* Myzornis pyrrhoura	O	R	LC	1,2,3	S

（四十八）鸦雀科 **Paradoxornithidae**

（续表）

物　种	区系	居留型	受胁等级	南翼海拔范围	收录来源
299. 红嘴鸦雀* Conostoma oemodium	O	R	3,LC	1,2,3	S
300. 褐鸦雀* Paradoxornis unicolor	O	R	LC	1,2,3	D
301. 黑喉鸦雀* Paradoxornis nipalensis	O	R	3,LC	1	D
（四十九）扇尾莺科 Cisticolidae					
302. 山鹪莺 Prinia criniger	O	R	LC	1,2	S
303. 灰胸山鹪莺* Prinia hodgsonii	O	R	LC	1	S
（五十）莺科 Sylviidae					
304. 栗头地莺* Tesia castaneocoronata	O	R	LC	1,2	S
305. 金冠地莺* Tesia olivea	O	R	LC	1	D
306. 灰腹地莺* Tesia cyaniventer	O	R	LC	1,2	S
307. 淡脚树莺* Cettia pallidipes	O	R	LC	1	S
308. 强脚树莺* Cettia fortipes	O	R	LC	1	D
309. 大树莺* Cettia major	O	R	LC	2,3	S
310. 异色树莺* Cettia flavolivacea	O	R	LC	1,2,3,4	D
311. 黄腹树莺* Cettia acanthizoides	O	R	LC	1,2,3	S
312. 棕顶树莺* Cettia brunnifrons	O	R	LC	2,3,4	S
313. 斑胸短翅莺* Bradypterus thoracicus	C	S	LC	3,4	D
314. 花彩雀莺* Leptopoecile sophiae	P	R	LC	1,2,3,4	D
315. 褐柳莺#* Phylloscopus fuscatus	P	S	3,LC	2,3	S
316. 黄腹柳莺#* Phylloscopus affinis	P	S	3,LC	1,2,3,4	S
317. 橙斑翅柳莺* Phylloscopus pulcher	O	R	3,LC	2,3	S
318. 灰喉柳莺* Phylloscopus maculipennis	O	S	3,LC	2,3	S
319. 淡黄腰柳莺* Phylloscopus chloronotus	O	W，P	LC	?????	S
320. 黄腰柳莺#* Phylloscopus proregulus	C	S	3,LC	2,3	S
321. 黄眉柳莺* Phylloscopus inornatus	C	P	3,LC	1,2,3	S
322. 淡眉柳莺* Phylloscopus humei	P	S	LC	2,3	S
323. 极北柳莺* Phylloscopus borealis	P	P	3,LC	1,2	S
324. 暗绿柳莺* Phylloscopus trochiloides	P	S	3,LC	2,3	S
325. 乌嘴柳莺* Phylloscopus magnirostris	P	S	3,LC	1,2,3	S
326. 冕柳莺* Phylloscopus coronatus	P	P	3,LC	1	S
327. 冠纹柳莺* Phylloscopus reguloides	O	S	3,LC	3	S
328. 金眶鹟莺* Seicercus burkii	O	S	LC	2,3	S
329. 韦氏鹟莺* Seicercus whistleri	O	S	LC	2,3	S

（续表）

物　种	区系	居留型	受胁等级	南翼海拔范围	收录来源
330. 比氏鹟莺* *Seicercus valentini*	O	S	LC	1,2,3	S
331. 灰头鹟莺* *Seicercus xanthoschistos*	O	S	LC	1,2	S
332. 灰脸鹟莺* *Seicercus poliogenys*	O	S	LC	1,2	S
333. 栗头鹟莺* *Seicercus castaniceps*	O	S	LC	1,2	S
334. 黑脸鹟莺* *Abroscopus schisticeps*	O	R	LC	1,2	D
（五十一）戴菊科 Regulidae					
335. 戴菊* *Regulus regulus*	P	R	3,LC	2,3	S
（五十二）绣眼鸟科 Zosteropidae					
336. 暗绿绣眼鸟* *Zosterops japonicus*	O	R	3,LC	1,2,3	S
（五十三）长尾山雀科 Aegithalidae					
337. 红头长尾山雀* *Aegithalos concinnus*	O	R	3,LC	1,2	S
338. 棕额长尾山雀* *Aegithalos iouschistos*	O	R	3,LC	2,3	S
（五十四）山雀科 Paridae					
339. 煤山雀* *Parus ater*	C	R	3,LC	2,3	S
340. 黑冠山雀#* *Parus rubidiventris*	O	R	3,LC	2,3	S
341. 黄腹山雀*★ *Parus venustulus*	O	R	3,LC	2	S
342. 褐冠山雀* *Parus dichrous*	O	R	3,LC	2,3	S
343. 大山雀* *Parus major*	C	R	3,LC	1	S
344. 绿背山雀* *Parus monticolus*	O	R	3,LC	1,2,3	S
345. 地山雀#*★◆ *Pseudopodoces humilis*	P	R	LC	4,5	S
346. 黄眉林雀* *Sylviparus modestus*	O	R	3,LC	2	S
（五十五）鸸科 Sittidae					
347. 栗腹鸸* *Sitta castanea*	O	R	LC	1	S
348. 白尾鸸* *Sitta himalayensis*	O	R	LC	1,2	S
（五十六）旋壁雀科 Trichodoninae					
349. 红翅旋壁雀* *Tichodroma muraria*	P	R	LC	1,2,3	S
（五十七）旋木雀科 Certhiidae					
350. 欧亚旋木雀* *Certhia familiaris*	P	R	LC	2,3	S
351. 红腹旋木雀*◆▲ *Certhia nipalensis*	O	R	LC	1,2,3	S
（五十八）啄花鸟科 Dicaeidae					
352. 红胸啄花鸟* *Dicaeum ignipectus*	O	R	LC	1,2	S
（五十九）太阳鸟科 Bombycillidae					
353. 蓝喉太阳鸟* *Aethopyga gouldiae*	O	R	3,LC	2	D

（续表）

物　种	区系	居留型	受胁等级	南翼海拔范围	收录来源
354. 绿喉太阳鸟* Aethopyga nipalensis	O	R	3,LC	1,2,3	S
355. 黑胸太阳鸟* Aethopyga saturata	O	R	3,LC	1,2,3	S
356. 火尾太阳鸟* Aethopyga ignicauda	O	R	3,LC	2,3	S
（六十）　雀科 Passeridae					
357. 家麻雀* Passer domesticus	P	R	LC	2,3	D
358. 山麻雀# Passer rutilans	O	R	3,LC		S
359. 麻雀#* Passer montanus	C	R	3,LC	1,2,3,4	S
360. 白斑翅雪雀# Montifringilla nivalis	P	R	LC		D
361. 褐翅雪雀#*◆ Montifringilla adamsi	P	R	LC	4	S
362. 白腰雪雀#◆ Pyrgilauda taczanowskii	P	R			S
363. 棕颈雪雀#◆ Pyrgilauda ruficollis	P	R			S
364. 棕背雪雀#*◆ Pyrgilauda blandfordi	P	R			S
（六十一）　燕雀科 Frigillidae					
365. 岭雀#* Leucosticte nemoricola	P	R	LC	3,4,5	S
366. 高山岭雀* Leucosticte brandti	P	R	LC	3,4,5	S
367. 红眉松雀* Pinicola subhimachala	P	R		2,3,4	S
368. 赤朱雀*◆ Carpodacus rubescens	P	R	LC	3,4	D
369. 暗胸朱雀* Carpodacus nipalensis	P	R	3,LC	2,3	S
370. 普通朱雀* Carpodacus erythrinus	P	S	3,LC	3,4	S
371. 粉眉朱雀* Carpodacus rhodochrous	P	R	3	2,3,4	S
372. 红眉朱雀* Carpodacus pulcherrimus	P	R	3,LC	2,3	S
373. 曙红朱雀* Carpodacus eos	P	R	3,LC	4	D
374. 酒红朱雀* Carpodacus vinaceus	P	R	3,LC	2,3	S
375. 点翅朱雀* Carpodacus rhodopeplus	P	R	3	2,3,4	S
376. 白眉朱雀* Carpodacus thura	P	R	3,LC	1,2,3,4	S
377. 拟大朱雀# Carpodacus rubicilloides	P	R	3,LC	3,4	S
378. 大朱雀# Carpodacus rubicilla	P	R	3,LC	3,4	S
379. 红胸朱雀# Carpodacus puniceus	P	R	3,LC	4,5	D
380. 红交嘴雀* Loxia curvirostra	C	W	3,LC	2	S
381. 高山金翅雀* Carduelis spinoides	O	R	LC	1,2,3	S
382. 黄嘴朱顶雀#* Carduelis flavirostris	P	R	3,LC	3,4	S
383. 金额丝雀* Serinus pusillus	P	R	LC	3,4	S
384. 红头灰雀*◆▲ Pyrrhula erythrocephala	P	R	3,LC	1,2,3	S

（续表）

物　种	区系	居留型	受胁等级	南翼海拔范围	收录来源
385. 黄颈拟蜡嘴雀* *Mycerobas affinis*	O	R	LC	2,3	S
386. 白点翅拟蜡嘴雀* *Mycerobas melanozanthos*	O	R	LC	2,3	D
387. 白斑翅拟蜡嘴雀* *Mycerobas carnipes*	P	R	LC	2,3,4	S
388. 金枕黑雀* *Pyrrhoplectes epauletta*	O	R	3,LC	2,3	S
389. 血雀* *Haematospiza sipahi*	O	R	3,LC	2,3	S
（六十二）鹀科 **Emberizidae**					
390. 淡灰眉岩鹀* *Emberiza cia*	P	R	3,LC	3,4	D

注：#—北坡分布，*—南坡分布，★—中国特有；◆—青藏高原特有；▲—喜马拉雅山脉特有；区系：O—东洋界，P—古北界，C—广布种；居留型：R—留鸟，S—夏候鸟，W—冬候鸟，P—旅鸟；受胁等级：1—国家Ⅰ级，2—国家Ⅱ级，3—三有保护，Ⅰ—CITES 附录Ⅰ，Ⅱ—CITES 附录Ⅱ，Ⅲ—CITES 附录Ⅲ，EN—濒危，VU—易危，NT—近危，LC—无危；南坡海拔范围：1—1 600~2 500 米，2—2 500~3 100 米，3—3 100~4 000 米，4—4 000~4 800 米，5—4 800~5 500 米；收录来源：S—实体，D—资料。

4.2.3 珍稀濒危物种

国家Ⅰ级保护动物8种，包括玉带海雕 *Haliaeetus leucoryphus*、白尾海雕 *Haliaeetus albicilla*、胡兀鹫 *Gypaetus barbatus*、金雕 *Aquila chrysaetos*、红胸角雉、灰腹角雉、棕尾虹雉、黑颈鹤。

国家Ⅱ级保护动物42种，包括鹗 *Pandion haliaetus*、凤头蜂鹰 *Pernis ptilorhyncus*、黑鸢 *Milvus lineatus*、高山兀鹫 *Gyps himalayensis*、兀鹫 *Gyps fulvus*、蛇雕 *Spilornis cheela*、白尾鹞 *Circus cyaneus*、凤头鹰 *Accipiter trivirgatus*、褐耳鹰 *Accipiter badius*、雀鹰 *Accipiter nisus*、苍鹰 *Accipiter gentilis*、白眼鵟鹰 *Butastur teesa*、普通鵟 *Buteo buteo*、大鵟 *Buteo hemilasius*、乌雕 *Aquila clanga*、草原雕 *Aquila nipalensis*、靴隼雕 *Hieraaetus pannatus*、鹰雕 *Spizaetus nipalensis*、红隼 *Falco tinnunculus*、猎隼 *Falco cherrug*、灰背隼 *Falco columbarius*、燕隼 *Falco subbuteo*、雪鹑 *Lerwa lerwa*、藏雪鸡、血雉 *Ithaginis cruentus*、红腹角雉 *Tragopan temminckii*、黑鹇、藏马鸡、灰鹤 *Grus grus*、棕背田鸡 *Porzana bicolor*、楔尾绿鸠 *Treron sphenura*、雕鸮 *Bubo bubo*、灰林鸮 *Strix aluco*、领鸺鹠 *Glaucidium brodiei*、斑头鸺鹠 *Glaucidium cuculoides*、纵纹腹小鸮 *Athene noctua*、长耳鸮 *Asio otus*、短耳鸮 *Asio flammeus* 等。

列入 CITES 附录 I 共 5 种，即白尾海雕、藏雪鸡、灰腹角雉、棕尾虹雉、黑颈鹤；附录 II 共 39 种，包括鹗、凤头蜂鹰等；附录 III 1 种，即红胸角雉。IUCN—EN 3 种，包括猎隼、黑腹燕鸥 *Sterna acuticauda* 和鹊鹂 *Oriolus mellianus*；VU 9 种，包括玉带海雕、红胸山鹧鸪 *Arborophila mandellii* 等；NT 6 种，包括白眼潜鸭 *Aythya nyroca*、红胸角雉等；LC 360 种，包括小䴙䴘 *Tachybaptus ruficollis* 等。

表 4-5　鸟类区系特点

分布区域	古北界（物种/比例）	东洋界（物种/比例）	广布（物种/比例）	合计（物种）
保护区	164/42.1%	178/45.6%	48/12.3%	390
北　翼	91/79.1%	6/5.2%	18/15.7%	115
南　翼	112/34.3%	173/53.1%	41/12.6%	326

表 4-6　鸟类分布型特点

分布型（种）	全北型	古北型	东北型	季风区型	中亚型	高地型	喜马拉雅—横断山区型	南中国型	东洋型	不易归类	无资料	合计
保护区	28	79	11	2	10	26	96	12	94	19	13	390
北　翼	18	34	4	1	7	20	5	1	6	17	2	115
南　翼	16	29	10	2	7	17	97	11	88	37	12	326

表 4-7　鸟类居留型特点

分布区域	留鸟（物种/比例）	夏候鸟（物种/比例）	冬候鸟（物种/比例）	旅鸟（物种/比例）	合计（种）
保护区	232/56.2%	97/23.5%	24/5.8%	60/14.5%	413
北　翼	42/32.1%	36/27.5%	13/9.9%	40/30.5%	131
南　翼	222/66.1%	77/22.9%	12/3.6%	25/7.4%	336

4.2.4　南北翼差异

南、北翼无论是物种多样性还是具体物种组成上都存在明显差异：

（1）北翼记录鸟类 13 目 31 科 114 种，以雁形目和鸽形目物种居多。南翼记录 14

目 54 科 326 种，物种组成复杂，多为雀形目鸟类。

（2）北翼以古北界物种占优势，为 91 种（79.1%）。南翼以东洋界物种居多，为 173 种（53.1%）（表 4-5）。

（3）北翼物种以古北型、高地型和全北型为多，分别占 29.6%、17.4% 和 15.7%。南翼以喜马拉雅—横断山区型和东洋型为多，分别占 29.8% 和 27.0%（表 4-6）。

（4）北翼留鸟、夏候鸟和旅鸟物种数量基本相当，分别为 42 种、36 种、40 种，冬候鸟最少，仅 13 种。而南翼则以留鸟居多，达 222 种；夏候鸟次之，77 种；旅鸟 25 种，冬候鸟最少 12 种（表 4-7）。

（5）北翼记录中国特有种 1 种，青藏高原特有种 8 种，未记录到喜马拉雅山脉特有种。南翼记录中国特有种 6 种，青藏高原特有种 11 种，喜马拉雅山脉特有种 6 种。

（6）北翼拥有国家 Ⅰ 级重点保护鸟类 4 种，Ⅱ 级 11 种，"三有"物种 77 种；列入 CITES 附录 Ⅰ 的 3 种，附录 Ⅱ 的 12 种；列为 IUCN 濒危 1 种，近危 2 种，易危 3 种，无危 101 种。南翼拥有国家 Ⅰ 级重点保护鸟类 5 种，Ⅱ 级 39 种，"三有"物种 159 种；列入 CITES 附录 Ⅰ 的 3 种，附录 Ⅱ 的 36 种，附录 Ⅲ 的 1 种；列为 IUCN 近危 6 种，易危 6 种，无危 277 种（表 4-4）。

4.2.5 垂直变化

4.2.5.1 物种多样性

繁殖鸟在垂直分布模式上符合"中域理论"，即物种多样性随着海拔的升高而增加，到海拔 2 500~3 100 米时物种数达到最大值，为 185 种，随后一直下降至 4 800~5 500 米，达到最小值，为 24 种（图 4-7）。作为繁殖鸟的组成，留鸟和夏候鸟也符合"中域理论"，变化趋势与繁殖鸟一致。

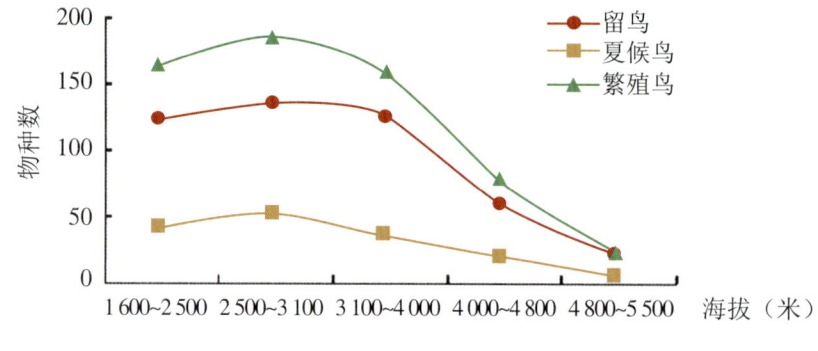

图 4-7 繁殖鸟垂直分布

4.2.5.2 区系

东洋界、古北界和广布种的垂直分布模式差异明显。随海拔的升高，东洋界的物种数持续下降，至 4 800~5 500 米为 0；古北界的物种数先增后减，广布种的物种数曲线平缓，二者在 3 100~4 000 米处数量最多，均符合中域理论；东洋界和古北界物种数在 3 100~4 000 米基本持平，分别为 69 种和 67 种（图 4-8A）。在物种的比例上，随海拔的升高，东洋界的物种比例持续下降；古北界的物种比例持续上升，至 4 800~5 500 米为 83.3%；东洋界物种和古北界物种在 3 100~4 000 米时比例基本相当；广布种的物种比例于 4 000~4 800 米有一最大值（图 4-8B）。以上结果说明，不同区系的物种在垂直海拔上的变化具有差异。

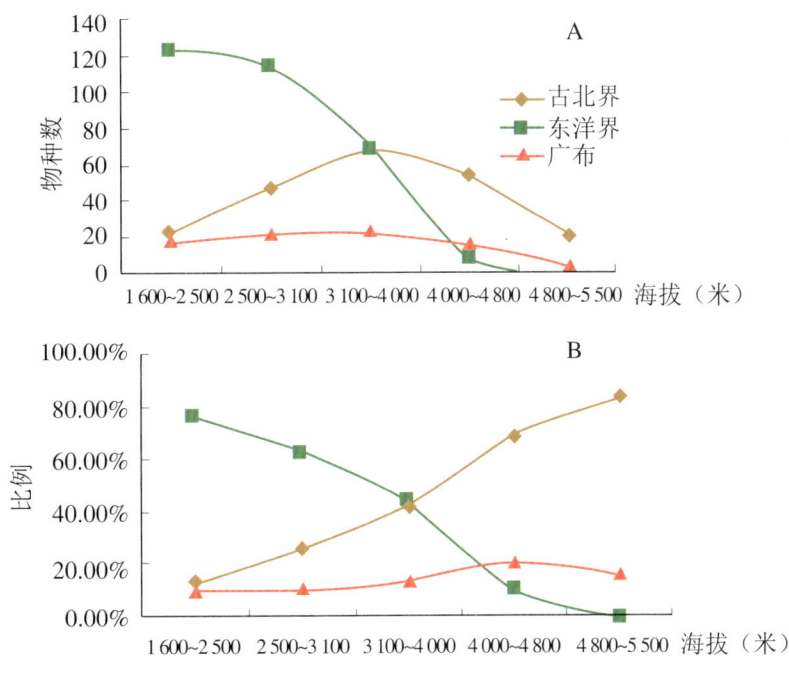

图 4-8　鸟类区系垂直分布格局

4.2.5.3 分布型

各分布型垂直分布格局有所差异。随海拔的上升，东洋型物种数持续下降，至 4 800~5 500 米为 0；喜马拉雅—横断山区型、古北型、高地型皆表现先升后降的格局，但最大值所在位置不同，分别为 2 500~3 100 米、3 100~4 000 米、4 000~4 800 米（图 4-9）。这说明，不同起源的物种在垂直海拔上的表现是不同的。

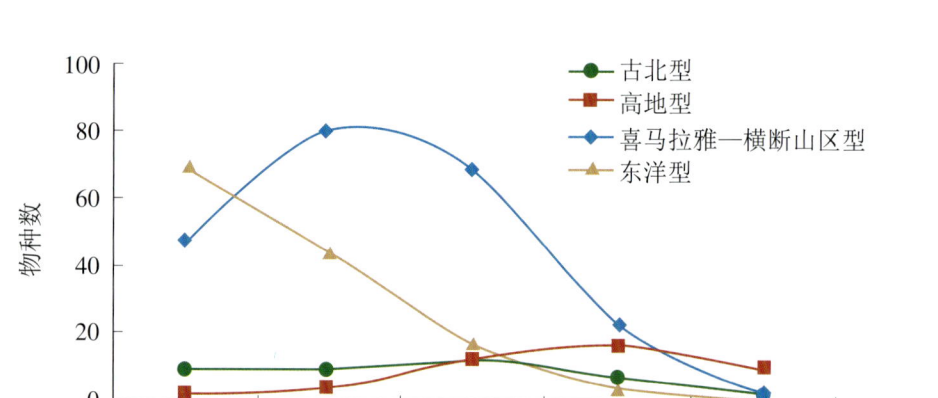

图 4-9 鸟类各分布型垂直分布格局

4.3 讨论

4.3.1 物种多样性

本次调查在珠峰保护区内记录鸟类 390 种，占西藏自治区已知鸟类总数（473 种）的 82.45%（中国科学院青藏高原综合科学考察队，1983），说明保护区是西藏鸟类最为丰富的地区之一。较之中国科学院西藏科学考察队（1974）调查结果，新增加 250 种鸟类，主要集中在雀形目（鸫科、画眉科、莺科）、雁形目（鸭科）、隼形目（鹰科）、鸽形目（鸽科、鹬科）、䴕形目（啄木鸟科），占 83.7%；较之王斌等（2013）新增 11 目 24 科 48 种，以雀形目（鸫科、莺科和燕雀科）、鸽形目（鸽科、鹬科）、隼形目（鹰科）为多，占 77.0%，包括了中国新记录棕额啄木鸟（Li et al., 2012）。这些新增物种皆分布在高原湖泊及南翼沟谷，说明高原湖泊、南翼沟谷是保护区物种最丰富的区域。随着后续调查的深入，还有希望在低海拔地区发现更多的物种，但数量可能不会太大，因为自 2012 年以来发现的物种不再集中于某一两个目、科，且所新记录物种种群数量较为稀少。

保护区物种组成复杂且地域特色明显。首先，在 9 种分布型中具地域特色的喜马拉雅—横断山区型和高地型所占比例较高，占保护区总量的 31.1%。其次，特有种较多，其中中国特有种 6 种，青藏高原特有种 16 种，喜马拉雅山脉特有种 6 种。再次，旅鸟种类丰富，达 60 种，占保护区总量的 14.5%，这与保护区处于我国鸟类南北迁徙的通道有关（张孚允和杨若莉，1997）。最后，国家重点保护物种多，国家 I 级 8 种，国家 II 级 42 种。据此，我们认为保护区在鸟类的保护和研究上具有重要且独特的地位和价值。

4.3.2 区系特点

本研究结果表明，南、北翼在物种组成和区系上存在明显差异，表明其所处的动物地理单元的差异性。北翼以古北界物种占绝对优势，为79.1%，而东洋界只占5.2%，故北翼属于古北界范围。而南翼随着海拔的变化，古北界和东洋界物种比例表现出明显的变化，表现出过渡性特点，海拔3 100米以下东洋界物种占优势，4 000米以上古北界物种占优势，而在3 100~4 000米之间古北界与东洋界物种数基本相当，分别为42.4%和43.7%（图4-8）。据此，我们认为南翼海拔3 100~4 000米处是古北界和东洋界的分界线所在。这支持了珠峰南翼上部为古北界和东洋界的过渡地带（中国科学院西藏科学考察队，1974），两者分界线大致在海拔3 500~4 000 米之间的推测（王斌 等，2013），但两者分界线在3 100~4 000米之间的具体位置还有待进一步研究。王祖祥（1982）和中国科学院青藏高原综合科学考察队（1983）将珠峰地区划入古北界青藏区青海藏南亚区藏南山地小区和东洋界西南区西南山地亚区墨脱—吉隆小区。张荣祖（2011）将珠峰地区划入古北界青藏区青海藏南亚区和东洋界西南区喜马拉雅亚区。二者区别不大，但后者区划更能突出地域性特点，故我们支持张荣祖（2011）的划分。

再者，海拔3 100米以下，古北界物种所占比例大于海拔4 000米以上东洋界所占的比例，说明古北界物种向东洋界的渗透优于东洋界物种向古北界的渗透，反映出在高海拔分布的物种对低海拔的适应力要强于低海拔分布的物种对高海拔的适应力。

4.3.3 垂直分布格局

本研究结果表明，繁殖鸟、留鸟和夏候鸟物种数在南翼随海拔的上升，先上升后下降，在海拔2 500~3 100米达到最大值,符合中域效应假说（或几何限制模型）（Colwell & Hurtt，1994，Colwell & Lees，2000；Jetz & Rahbek，2001）。东洋界和古北界的过渡带在3 100~4 000米，二者的彼此渗透对垂直分布格局有一定影响，但不是决定性的因素。实地考察发现，海拔2 500~3 100米之间雨量相对充沛，物种数达到最大值可能与该处的水热组合和所处的针阔混交林生境条件有关。

不同分布型物种在垂直分布上的模式不同。随海拔的升高，喜马拉雅—横断山区型、古北型和高地型物种数皆在中海拔地区呈现一个峰值，与中域效应假说吻合。喜马拉雅—横断山区型在2 500~3 100米之间达到最大值，古北型在3 100~4 000米之间达到最大值，高地型在 4 000~4 800 米之间达到最大值，既反映了它们对海拔适应的差异性，同时说明物种数最多的海拔段可能是两区系物种相互渗透的结果。

4.4 典型物种

摄影 / 彭波涌

摄影 / 卢烨媚

● **凤头䴙䴘**

Podiceps cristatus

保护级别：IUCN-LC

高原湖泊中的常见鸟种。头顶深色羽冠明显。繁殖期常成对进行绚丽的求偶炫耀。常成对或结小群活动。以软体动物、鱼、甲壳类和水生植物等为食。

摄影 / 彭波涌

摄影 / 崔林

摄影 / 彭波涌

● 胡兀鹫

Gypaetus barbatus

保护级别： 国家 I 级　CITES 附录 II

全区分布。黑色粗大贯眼纹与灰白色头形成鲜明对比，眼圈裸露、红色，髭须明显。常骚扰野羊群及家畜，喜食新鲜尸体和骨头，能把小型及较大猎物的骨头衔起在大岩石上摔成碎片后进食。

摄影 / 李晶晶

高山兀鹫

Gyps himalayensis

保护级别：国家Ⅱ级　CITES 附录Ⅱ

全区分布。成鸟具皮黄色的松软领羽。常于高空翱翔，飞行缓慢，有时结小群活动，或停栖于多岩的峭壁。翼尖而长，略向上扬。以腐尸为食。

摄影 / 左凌仁

摄影 / 李晶晶

摄影 / 彭波涌

摄影 / 吴秀山

● 兀鹫

Gyps fulvus

保护级别：国家Ⅱ级　CITES 附录Ⅱ

　　颈基部具松软的近白色翎颌。胸部浅色羽轴纹较细。飞行时尾呈平形或圆形。叫声粗哑刺耳。栖息于开阔多岩的高山。食腐尸。

摄影 / 彭波涌

鹗

Pandion haliaetus

保护级别：国家Ⅱ级　CITES 附录Ⅱ

　　头及下体白色，主要识别特征为具黑色贯眼纹。繁殖期发出响亮哀怨的哨音，而巢中雏鸟见亲鸟时发出大声尖叫。善捕鱼，能深扎入水捕食猎物，也可在水上缓慢盘旋或振羽停在空中然后扎入水中捕食。栖息于湖泊、河流周围。食鱼。

摄影 / 田园

摄影 / 田园

摄影 / 郭亮

- **蛇雕**

  Spilornis cheela

  保护级别：国家Ⅱ级　CITES 附录Ⅱ

  眼及嘴间黄色裸露部分和飞行时尾部宽阔的白色横斑及白色翼后缘为本种鉴别特征。常在森林上空翱翔，发出响亮尖叫声，或停息于树枝上俯视地面。以各种蛇类为食，也吃其他小型动物。

摄影 / 郭亮

摄影 / 彭波涌

摄影 / 李晶晶

● **白尾鹞**

Circus cyaneus

保护级别：国家Ⅱ级　CITES 附录Ⅱ

具显眼的白色腰部及黑色翼尖。雌鸟褐色，翼下覆羽无赤褐色横斑。晨昏时分最为活跃。喜开阔原野、草地及农耕地。捕食小型鸟类、鼠类、蛙类、蜥蜴和大型昆虫等。

● **大鵟**

Buteo hemilasius

保护级别：国家Ⅱ级　CITES 附录Ⅱ

全区分布。色型多变。尾偏白并常具横斑，次级飞羽具清楚的深色条带。喜在开阔原野随空中热气流高高翱翔，飞行动作花样繁多。单独或成小群活动。多停栖于地面、山顶、树梢或其他突出物体上。捕蛇技术高超，但食物主要为中、小型哺乳类动物。

摄影 / 袁倩敏

摄影 / 彭波涌

摄影 / 彭波涌

摄影 / 李晶晶

摄影 / 李小燕

● 林雕

Ictinaetus malayensis

保护级别：国家 II 级　CITES 附录 II

　　飞行时尾长而宽，两翼长且由狭窄的基部逐渐变宽，具明显"手指"。栖息于森林，常在树层上空盘旋。捕食鼠类、蛇、蜥蜴和小型鸟类，常侵袭其他鸟类的巢。

摄影 / 袁倩敏

● 草原雕

Aquila nipalensis

保护级别： 国家Ⅱ级　CITES 附录Ⅱ

　　成鸟下体具稀疏横斑，两翼后缘色深。头较小而突出，两翼较长，翼上具两道皮黄色横纹，尾上覆羽具 V 形皮黄色斑。常见于北方的干旱平原。以鼠类、旱獭、野兔、鸟类等小型脊椎动物和昆虫为食，有时也吃腐肉。

金雕

Aquila chrysaetos

保护级别：国家 I 级　CITES 附录 II

头具金色羽冠，嘴巨大。飞行时腰部白色明显。尾长而圆，两翼呈浅 V 形。通常无声。捕食啮齿类动物和大中型鸟类等。善于翱翔和滑翔。栖息于干旱平原、岩崖山区及开阔原野，或者飞行于森林上空。

摄影 / 彭波涌

摄影 / 李晶晶

靴隼雕

Hieraaetus pennatus

保护级别：国家 II 级　CITES 附录 II

腿被羽。飞行时深色的初级飞羽与皮黄色（浅色型）或棕色（深色型）的翼下覆羽形成强烈对比。常在树林上空低低盘旋或滑翔。取食鼠类、小鸟、蜥蜴等动物性食物。

摄影 / 李晶晶

摄影 / 曹宏芬

● **猎隼**

Falco cherrug

保护级别： 国家Ⅰ级　CITES 附录Ⅱ　IUCN-EN

颈背偏白色，头顶浅褐色。眼下方具不明显黑色线条，眉纹白色。尾具狭窄的白色羽端，尾下覆羽白色。栖息于开阔的高原草原地带。性凶猛，善于在高速飞行中追捕猎物。易于驯养因此受到过度捕捉而导致种群下降。食物以中小型鸟、野兔、鼠类为主。

摄影 / 袁倩敏

摄影 / 李晶晶

摄影 / 彭波涌

摄影 / 董磊

摄影 / 彭波涌

● 藏雪鸡

Tetraogallus tibetanu

保护级别：国家Ⅱ级　CITES 附录Ⅱ

青藏高原特有种。耳羽白色，有时染皮黄色，胸两侧具白色圆形斑块。眼周裸露皮肤橘黄色。性情胆怯机警，多小群生活，具较强的飞行和滑翔能力。栖居于裸露岩石的稀疏灌丛、高山多岩石的苔原草甸和流石滩等处，也常到雪线附近觅食。以植物性食物为主，偶食昆虫或其他小型无脊椎动物等。

摄影 / 李晶晶

● **高原山鹑**

Perdix hodgsoniae

保护级别：IUCN-LC

具醒目的白色眉纹和特有的栗色颈圈，眼下睑侧有黑色点斑。小群生活，不善飞行，受惊时三两散开向山下跑至安全处。栖息于高山裸岩、苔原、砂石乱草区、矮树灌丛区及多岩山脚地带，常见于海拔 2 500~5 200 米具稀疏灌丛的多岩山坡上。以植物性食物为主，也食昆虫。

摄影 / 彭波涌

摄影 / 曹宏芬

摄影 / 彭波涌

摄影 / 李晶晶

● 血雉

Ithaginis cruentus

保护级别：国家Ⅱ级　CITES 附录Ⅱ

　　具矛状长羽，冠羽蓬松，脸与腿猩红色，翼及尾沾红。雌鸟色暗且体色单一。觅食于亚高山针叶林、针阔混交林及杜鹃灌丛。以植物性食物为主，也吃昆虫及其幼虫。

摄影 / 彭波涌

第四章 动物资源
CHAPTER 4 Wildlife Resources

● **棕尾虹雉**

Lophophorus impejanus

保护级别：国家Ⅱ级　CITES 附录Ⅱ

青藏高原特有种，喜马拉雅山脉特有种。雄鸟上背白色，腹部黑色，绿色冠羽和赤棕色尾部在野外非常显眼。雌鸟背部与上体其余部位同色，尾上覆羽白色。栖息于阔叶林、针阔混交林、针叶林及林缘，以植物性食物为主，也食少量昆虫以及其他无脊椎动物。

摄影 / 曹宏芬

摄影 / 曹宏芬

摄影 / 曹宏芬

摄影 / 曹宏芬

摄影 / 郭亮

● 黑鹇

Lophura leucomelanos

保护级别：国家Ⅱ级

青藏高原特有种，喜马拉雅山脉特有种。具蓝黑色长冠羽，脸部裸皮红色。雌鸟褐色，颏杂白色。结群活动，善奔跑，受惊时迅速向密林深处逃窜。繁殖季节雄鸟展开翅膀快速抖动进行求偶炫耀，甚至彼此打斗以求得雌鸟青睐。栖息于开阔林地及次生常绿林，高可至海拔2 000米。以植物嫩叶、芽苞和种子为主，也食昆虫。

摄影 / 彭波涌

● **环嘴鹬**

Ibidorhyncha struthersii
保护级别：IUCN-LC

　　识别特征为腿及嘴暗红色，嘴长且下弯。一道黑白色的横带将灰色上胸与白色下腹隔开。在高大山体不同海拔间有垂直迁徙行为。常见于多石头、流速快的河流附近。以昆虫为主，也食小鱼、虾和软体动物。

摄影 / 李晶晶

摄影 / 彭波涌

摄影 / 彭波涌

● **黑颈鹤**

Grus nigricollis

保护级别：国家 I 级　CITES 附录 II　IUCN-VU

　　青藏高原特有种。头、喉及整个颈部黑色，仅眼下、眼后具白色块斑，裸露的眼先及头顶红色，尾、初级飞羽及三级飞羽黑色。飞行如其他鹤，颈伸直，呈 V 形编队，有时成对飞行。叫声为一连串的号角声。栖息于河谷地带。以植物性食物为主。

摄影 / 彭波涌

● 蒙古沙鸻

Charadrius mongolus

保护级别：IUCN-LC

体短小，嘴短而纤细，胸部具棕赤色宽横纹，脸具黑色斑纹。栖息于湖泊、河流等水域岸边，以及附近沼泽、草地和农田地带，取食昆虫、软体动物、螺等。

摄影／彭波涌

摄影 / 彭波涌

摄影 / 彭波涌

摄影 / 彭波涌

● 棕头鸥

Larus brunnicephalus

保护级别：IUCN-LC

　　高原湖泊中的常见鸟。背灰色，黑色翼尖具白色点斑为本种识别特征。嘴深红色。越冬鸟眼后具深褐色斑块。夏鸟头及颈褐色。栖息于湖泊、河流及河口地带。常与其他鸥类混群。以鱼、虾、软体动物、其他甲壳类和水生昆虫为食。

摄影 / 彭波涌

摄影 / 彭波涌

● **渔鸥**

Larus ichthyaetus

保护级别： IUCN-LC

　　高冬羽头白色，眼周具暗斑，头顶有深色纵纹，嘴上红色大部分消失。飞行时翼下全白，仅翼尖有小块黑色并具翼镜。第一冬羽的鸟头白，头及上背具灰色杂斑，嘴黄而端黑，尾端黑色。栖息于三角洲沙滩、内地海域及干旱平原湖泊。叫声粗哑似鸦。食物以鱼为主。

摄影 / 彭波涌

摄影 / 彭波涌

摄影 / 李晶晶

● 岩鸽

Columba rupestris

保护级别：IUCN-LC

翼上具两道黑色横斑，尾上有宽阔的偏白色次端带。群栖于多峭壁崖洞的岩崖地带，村庄及寺庙周边常见。常结群于山谷或飞至开阔地区觅食植物种子、球茎、果实等。

摄影 / 袁倩敏

摄影 / 袁倩敏

摄影 / 袁倩敏

● 雪鸽

Columba leuconota
保护级别：IUCN-LC
　　头深灰色，上背褐灰色，腰和尾黑色，尾中部具白色宽带。栖息于高山悬岩地带，裸岩河谷岩坡间及岩壁上。成对或结小群活动。以草籽、种子、浆果等为食。

摄影 / 彭波涌

摄影 / 李晶晶

摄影 / 曹宏芬

● **点斑林鸽**

Columba hodgsonii
保护级别：IUCN-LC

颈部羽毛形长而具端环，前胸及下腹部满具粉灰色斑纹。栖息于亚高山多岩崖峭壁的针阔混交林、针叶林以及林缘耕地。取食植物果实、种子、昆虫及其幼虫。

楔尾绿鸠

Treron sphenura

保护级别：IUCN-LC

雄鸟头绿色，上背紫灰色，翼覆羽及上背紫栗色，尾深绿色；臀淡黄而具深色纵纹，尾下覆羽棕黄色。雌鸟尾下覆羽及臀浅黄而具大块的深色斑纹。在树冠层活动和觅食。叫声悦耳。主要栖息于海拔3 000米以下的山地阔叶林或混交林中。植食性。

摄影 / 李海滨

摄影 / 李晶晶

摄影 / 李晶晶

摄影 / 李晶晶

● **纵纹腹小鸮**

Athene noctua

保护级别：国家Ⅱ级　CITES 附录Ⅱ　IUCN-LC

　　浅色的平眉及宽阔的白色髭纹使其看似狰狞。上体褐色，具白色纵纹及点斑。下体白色，具褐色杂斑及纵纹。脚被羽。夜间活动，飞行迅速，常通过等待和快速追击捕猎食物。栖息于低山丘陵、林缘灌丛和平原森林地带，也出现在农田、荒漠和村庄附近的树林中。食物主要为昆虫和小型动物。

摄影 / 彭波涌

戴胜

Upupa epops

保护级别：IUCN-LC

具长而尖、黑的粉棕色耸立丝状冠羽。两翼及尾具黑白相间的条纹。嘴长且下弯。性活泼，喜开阔潮湿地面，长长的嘴在地面翻动寻找食物。常见于林缘耕地生境。食虫。

摄影 / 彭波涌

摄影 / 李晶晶

摄影 / 彭波涌

摄影 / 袁倩敏

摄影 / 袁倩敏

● **黄颈啄木鸟**

Dendrocopos darjellensis
保护级别：IUCN-LC

　　脸部浓茶黄色，臀部淡绯红色。背全黑，具宽的白色肩斑，两翼及外侧尾羽具成排的白点。雄鸟枕部绯红，雌鸟枕部黑色。栖息于山地针叶林和针阔叶混交林，多在树的中下层活动，觅食昆虫。

摄影 / 袁倩敏

摄影 / 李晶晶

摄影 / 李晶晶

● 棕额啄木鸟

Dendrocopos auriceps

保护级别：IUCN-LC

中国鸟类新记录。上身具白色横斑，前额和花冠前部棕色，花冠中间黄色。黑色髭纹明显，尾下覆羽桃红色，中央尾羽分离。记录时在榆科朴属四蕊朴 *Celtis tetrandra* 枝干上觅食。栖息于海拔 2 440 米以下的干性针阔叶混交林，多在树中上层栖息和觅食。食虫。

摄影 / 彭波涌

摄影 / 袁倩敏

摄影 / 彭波涌

● **角百灵**

Eremophila alpestris

保护级别：IUCN-LC

雄鸟具粗显的黑色胸带，顶冠前端黑色条纹后延成特征性小"角"。雌鸟及幼鸟色暗无"角"，但头部图纹仍可见。栖息于高海拔的荒芜干旱平原及寒冷荒漠，冬季下至较低海拔至短草地及湖岸滩活动。多在地面活动，一般不高飞或远飞。取食昆虫和草籽。

摄影 / 李小燕

● 长尾山椒鸟

Pericrocotus ethologus

保护级别：IUCN-LC

雄鸟喉黑色，下体红色。雌鸟上嘴基具模糊的暗黄色。栖息于多种植被类型的生境中，如阔叶林、杂木林、混交林、针叶林，也见于开垦地附近的林间。杂食性。

摄影 / 郭亮

摄影 / 袁倩敏

摄影 / 曹宏芬

摄影 / 袁倩敏

● 灰背伯劳

Lanius tephronotus

保护级别：IUCN-LC

上体深灰色，仅腰及尾上覆羽具狭窄的棕色带。栖息于低山次生阔叶林和混交林林缘地带，也出入于村寨、农田、人工林、灌丛和稀疏草坡。喜欢立于树干顶枝和电线上。肉食性。

摄影 / 袁倩敏

摄影 / 彭波涌

● **黄嘴蓝鹊**

Urocissa flavirostris

保护级别：国家 I 级　CITES 附录 II

头黑嘴黄，黑色颈背具白色块斑，楔形尾长而下垂。常见于常绿阔叶林，也见于河谷混交林和杉树林中。喜开阔森林及果园，有时结小群活动。杂食性。

摄影 / 袁倩敏

摄影 / 彭波涌

摄影 / 李晶晶

摄影 / 彭波涌

● 红嘴山鸦

Pyrrhocorax pyrrhocorax

保护级别：IUCN-LC

鲜红色的嘴短而下弯，脚红色。栖息于开阔的低山丘陵和山地。集群活动，叫声粗犷尖厉。飞行甚敏捷，常在热气流上玩耍，滑翔时短宽的两翼及显见的初级飞羽"翼指"张开。杂食性。

摄影 / 董磊

摄影 / 彭波涌

摄影 / 彭波涌

● **黄嘴山鸦**

Aquila graculus

保护级别： IUCN-LC

　　似红嘴山鸦，但黄色的嘴较短。停歇时尾显较长，远伸出翼后。群栖于较高海拔的高山灌丛、草地、荒漠和悬岩岩石等开阔地带。喜结群随热气流翱翔。杂食性。

摄影 / 彭波涌

摄影 / 李晶晶

摄影 / 彭波涌

● 鸲岩鹨

Prunella rubeculoides

保护级别：IUCN-LC

　　头、喉、上体、两翼及尾烟褐色，灰色的喉与栗褐色的胸之间有狭窄的黑色领环；下体其余白色。栖息于高山灌丛、草甸、草坡、河滩和高原耕地、牧场等高寒山地，休息时常立于突出的岩石、草甸顶或电线上。食物以昆虫为主，兼食草籽、浆果、种子等。

摄影/李小燕

摄影/彭波涌

摄影/李晶晶

摄影/袁倩敏

● 蓝额红尾鸲

Phoenicurus frontalis

保护级别：IUCN-LC

雄鸟头、胸、颈背及上背深蓝色，额及眉纹钴蓝色；腹、臀、背及尾上覆羽橙褐色。雌鸟褐色，眼圈皮黄色。栖息于干旱平原的草坡灌丛或村庄附近的树丛中。取食昆虫，兼食果实。

摄影 / 彭波涌

摄影 / 袁倩敏

摄影 / 彭波涌

摄影 / 彭波涌

● 白顶溪鸲

Chaimarrornis leucocephalus

保护级别：IUCN-LC

　　白色头顶异常显眼，腰、尾基部及腹部栗色。栖息于山间溪流、河流沿岸。取食昆虫、软体动物、野果和草籽等。常立于水中或近水的岩石上，上下摆动带黑色羽梢的尾巴。

摄影 / 彭波涌

● **白颈鸫**

Turdus albocinctus

保护级别：IUCN-LC

鉴别特征为颈环及上胸全白。栖息于针阔混交林、针叶林和杜鹃灌丛，于地面及树层取食。食物以昆虫及其幼虫为主，也包括果实和种子。随季节作垂直迁移。性羞怯。

摄影 / 彭波涌

摄影 / 李晶晶

摄影 / 袁倩敏

● 白眉蓝姬鹟

Ficedula superciliaris
保护级别：IUCN-LC
　　头侧、胸侧斑块及翼为特征性暗深蓝色（光线不足时看似黑色），下体白色，有时具狭窄的白色眉纹。雌鸟下体皮黄色，上体近灰色，头沾褐色，尾基部无白。繁殖期栖息于海拔 1 800~2 700 米的常绿阔叶林、竹林和针阔叶混交林，非繁殖期下到低山和山脚平原地带活动取食。食虫。

摄影 / 袁倩敏

● **方尾鹟**

Culicicapa ceylonensis

保护级别：IUCN-LC

头偏灰色，略具冠羽，上体橄榄色，下体黄色。栖息于海拔 2 600 米以下的常绿和落叶阔叶林、竹林、混交林和林缘疏林灌丛。性喧闹活跃，在树枝间跳跃，不停捕食及追逐过往昆虫。常与其他鸟混群。食虫。

摄影 / 郭亮 　　　　　　　　　　　　摄影 / 袁倩敏

摄影 / 袁倩敏

黄腹扇尾鹟

Rhipidura hypoxantha

保护级别：IUCN-LC

额、眉纹及下体黄色；眼罩宽，雄鸟黑色，雌鸟深绿色。尾扇形，尾端白色。常见于海拔800~3 700米的高山针叶林或针阔叶混交林。活泼多动，食虫。

摄影 / 彭波涌

摄影 / 彭波涌

摄影 / 左凌仁

● 大噪鹛

Garrulax maximus
保护级别：IUCN-LC

中国特有种。顶冠、颈背及髭纹深灰褐色，头侧及颏栗棕色。次端黑而端白的背羽在栗色的背部形成点斑。栖息于海拔2 700~4 200米的亚高山和高山森林灌丛及其林缘带。取食昆虫及其他无脊椎动物、果实等。

摄影 / 彭波涌

摄影 / 李晶晶

摄影 / 彭波涌

● 细纹噪鹛

Garrulax lineatus

保护级别：IUCN-LC

通体密布褐色及近白色纵纹。背具白色羽轴纹，两翼及尾棕色，尾端近灰白色。胸及两胁近白色的羽轴及棕色羽缘成纵纹。栖息于海拔1 500~3 000米的高原低树灌丛和溪流沿岸地带。在地面取食昆虫、植物果实与种子。

摄影 / 彭波涌

摄影 / 彭波涌

摄影 / 李晶晶

● **杂色噪鹛**

Garrulax variegatus
保护级别：IUCN-LC

脸部黑白色的图纹明显，翼上具多彩图纹，尾端灰色而具狭窄的白边。栖息于较潮湿且有茂密灌丛的河谷中。食物包括昆虫、花、果实、种子等。

摄影 / 彭波涌

摄影 / 李小燕

摄影 / 李晶晶　　　　　　　　　　摄影 / 彭波涌

● **黑顶噪鹛**

Garrulax affinis

保护级别：IUCN-LC

脸部具白色宽髭纹，颈部白色块与偏黑色的头成对比。翼羽及尾羽羽缘带黄色。栖息于海拔 2 000~3 900 米的高山针叶林、竹丛及杜鹃灌丛。除繁殖期外，其他季节多成小群。以昆虫、果实和种子为食。

摄影 / 彭波涌

- **斑喉希鹛**

Minla strigula

保护级别：IUCN-LC

具耸立的棕褐色羽冠，喉黑白色或具黄色鳞状斑，下体偏黄色，上体橄榄色。初级飞羽羽缘橙黄成亮丽斑纹。栖息于山区阔叶林及针叶林的低矮树木及树丛。性活泼，行动敏捷。喜食浆果。

摄影 / 彭波涌

摄影 / 李晶晶

摄影 / 彭波涌

摄影 / 彭波涌

白眉雀鹛

Alcippe vinipectus

保护级别：IUCN-LC

白色宽眉纹上具黑色纹，喉及上胸近白色而带黑棕色纵纹。两翼具浅色斑纹。栖息于海拔1 400~3 800米的常绿阔叶林、混交林、针叶林及林缘灌丛。食物包括昆虫及其他无脊椎动物、果实与种子等。

摄影 / 彭波涌

摄影 / 彭波涌

摄影 / 李晶晶

摄影 / 彭波涌

● **黑顶奇鹛**

Heterophasia capistrata

保护级别：IUCN-LC

头黑色略具羽冠。尾具黑色次端带。翼上多灰色，次级飞羽及初级覆羽近黑色而端灰色。栖息于海拔 2 200~2 600 米的阔叶林、针阔混交林。树栖型，甚活跃，于多苔藓的树枝上觅食。食物以昆虫为主，也食植物果实与种子等。

摄影 / 袁倩敏

摄影 / 彭波涌

摄影 / 彭波涌

摄影 / 彭波涌

● 火尾绿鹛

Myzornis pyrrhoura

保护级别：IUCN-LC

外侧尾羽红色，翼斑橙红色。顶冠羽端黑色而成斑纹。栖息于海拔 2 000~4 000 米的山地森林、竹林、杜鹃灌丛、矮树丛和高原草甸与灌丛。嗜食花蜜，常与太阳鸟混群，偶尔飞捕昆虫，很少下到地面活动或觅食。

摄影 / 彭波涌

● 灰腹地莺

Tesia cyaniventer

保护级别：IUCN-LC

下体灰色较淡；黑色眼纹上方具明显的浅色眉纹。下嘴黄色而嘴端色暗。性活泼好动。常藏匿于近溪流的密林丛中。食虫为主。

摄影 / 彭波涌　　　　　　　　摄影 / 彭波涌

摄影 / 彭波涌　　　　　　　　摄影 / 彭波涌

● 淡黄腰柳莺

Phylloscopus chloronotus

保护级别：国家Ⅱ级　CITES 附录Ⅱ

具白色的长眉纹和顶纹，腰部色浅，具两道偏黄色翼斑和白色的三级飞羽羽端。繁殖期栖息于海拔 2 000~3 900 米的中高山针叶林和针阔叶混交林，秋冬季节在山脚和沟谷地带活动取食。食虫。

摄影 / 李小燕

乌嘴柳莺

Phylloscopus magnirostris

保护级别：IUCN-LC

上体橄榄绿色，具一道或两道偏黄色翼斑。眉纹长，前黄后白。嘴大而色深，嘴端略具钩，上嘴色深，下嘴基粉红色。栖息于海拔2 000~4 000米的开阔多草林间空地及林隙。飞行轻快。繁殖期间领域性甚强。食虫。

摄影 / 李小燕

摄影 / 李小燕

栗头鹟莺

Seicercus castaniceps

保护级别：IUCN-LC

顶冠红褐色，侧顶纹及过眼纹黑色，眼圈白色，脸颊和胸灰色，翼斑黄色。栖息于海拔2 000米以下的低山和山脚地带阔叶林与林缘疏林灌丛中。常与其他种类混群。食物以昆虫为主，也吃少量种子等。

摄影 / 彭波涌

摄影 / 彭波涌

摄影 / 李小燕

摄影 / 彭波涌

● **褐冠山雀**

Parus dichrous

保护级别：IUCN-LC

深灰色冠羽显著，具皮黄色与白色的半颈环。栖息于高山针叶林或灌丛中。性惧生而安静，成对或成小群活动。食虫，也吃少量植物性食物。

地山雀

Pseudopodoces humilis

保护级别：IUCN-LC

中国特有种，青藏高原特有种。下体近白色，眼先斑纹色暗，中央尾羽褐色。常栖息于林线以上有稀疏矮丛的多草平原及山麓地带，挖洞营巢。食虫，偶尔也吃少量杂草种子。

摄影 / 彭波涌

摄影 / 彭波涌

摄影 / 李海滨

摄影 / 彭波涌

摄影 / 彭波涌

● **白尾䴓**

Sitta himalayensis
保护级别：IUCN-LC

特征为中央尾羽基部白色，尾下覆羽全棕色或无扇贝形斑纹。栖息于海拔1 500~3 000米的山地常绿阔叶林和针叶林。喜欢绕松科树木主干或较粗的枝干上下觅食。食虫为主，也吃少量植物性食物。

摄影 / 彭波涌

摄影 / 彭波涌

红腹旋木雀

Certhia nipalensis

保护级别：IUCN-LC

青藏高原特有种，喜马拉雅山脉特有种。下体皮黄色，两胁及尾覆羽棕色。栖息于海拔 1 500~3 600 米的针叶林和针阔叶混交林。常沿树干呈螺旋形从下向上攀缘觅食。食虫。

摄影 / 彭波涌

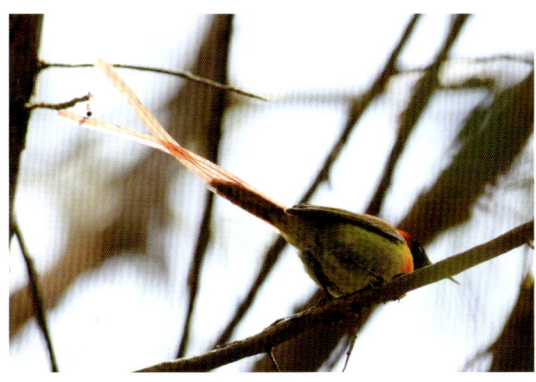

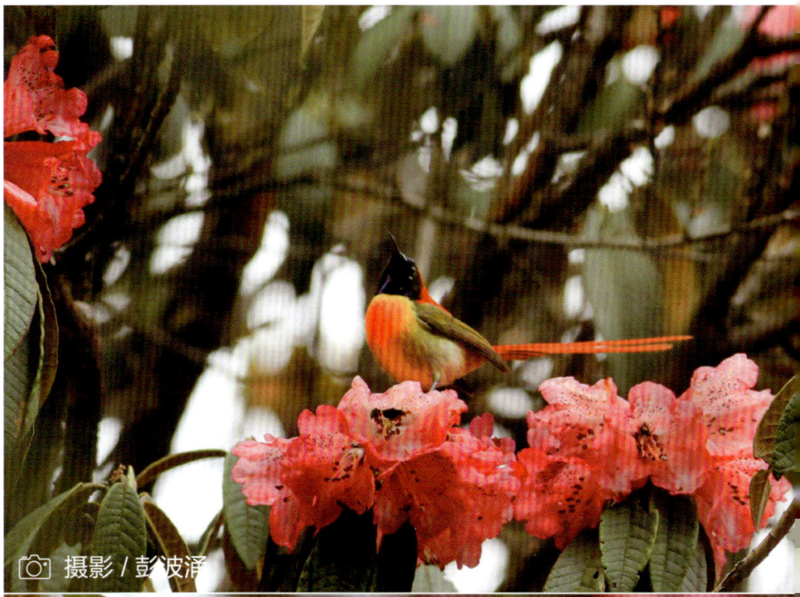

摄影 / 彭波涌

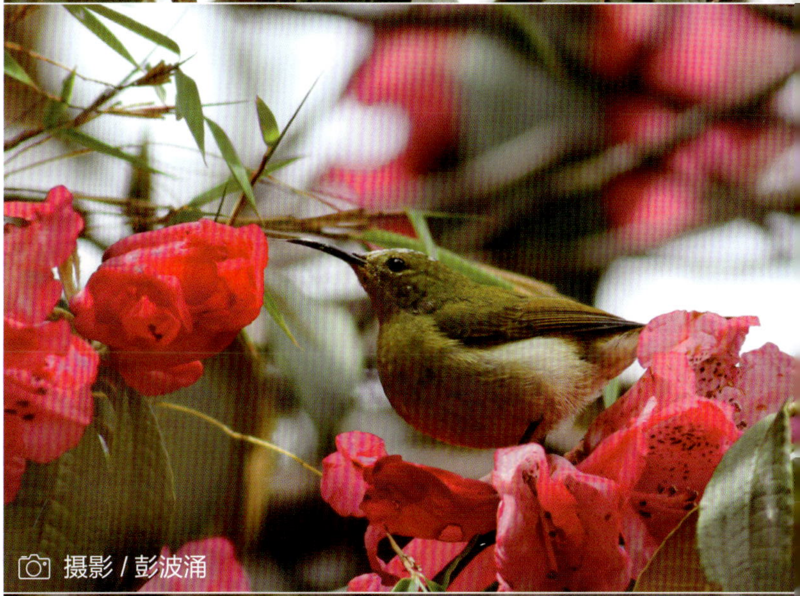

摄影 / 彭波涌

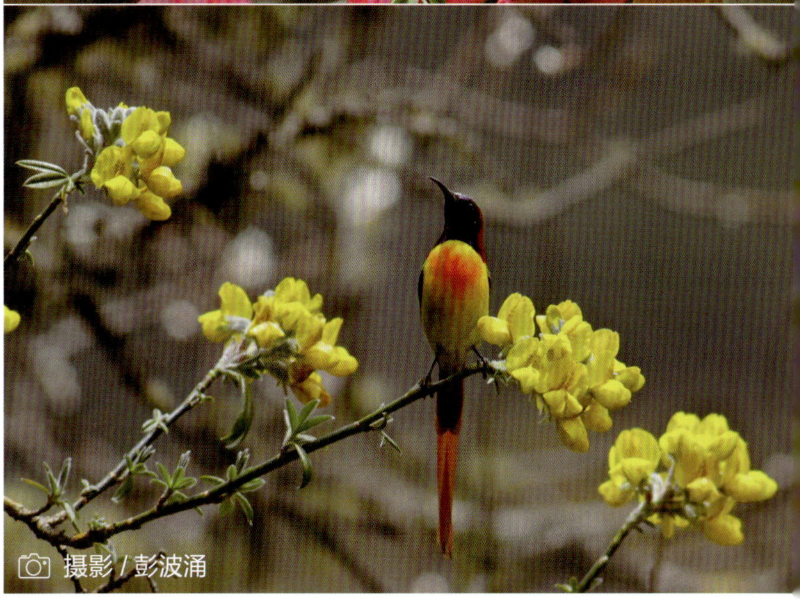

摄影 / 彭波涌

● 火尾太阳鸟

Aethopyga ignicauda

保护级别：IUCN-LC

雄鸟红色，具形长的艳猩红色中央尾羽。眼先和头侧黑色，喉及髭纹金属紫色。前胸具艳丽的橘黄色斑块。雌鸟灰橄榄色，腰黄色。栖息于海拔2 000~3 000米的次生阔叶林、开花灌丛及树丛中。喜食花蜜。

摄影 / 彭波涌

摄影 / 彭波涌

摄影 / 彭波涌

● **绿喉太阳鸟**

Aethopyga nipalensis

保护级别：IUCN-LC

雄鸟背部猩红色，尾长。雌鸟上体橄榄色，下体暗绿黄色渐至喉及颏的灰色，尾凸形，羽端白色。栖息于海拔1 500~3 000米的常绿或落叶阔叶林、针阔叶混交林、沟谷阔叶林和热带雨林中。常光顾开花的矮树并大胆驱赶其他太阳鸟。主要吃花蜜，也吃昆虫。

摄影 / 彭波涌

● **褐翅雪雀**

Montifringilla adamsi

保护级别：IUCN-LC

青藏高原特有种。雌雄同色，头及上体褐色较重，飞行及休息时两翼可见的白色较少，翼肩具近黑色的小点斑。栖息于高山或高原裸露的岩石地区。求偶时炫耀飞行似蝴蝶。地面取食。杂食性。

摄影 / 彭波涌

白腰雪雀

Pyrgilauda taczanowskii

青藏高原特有种。雄雌同色,眼先黑色。腰部具特征性的白色大块斑。栖息于海拔 3 000~4 500 米的高山草地、草原和稀疏植物的荒漠和半荒漠地带。结小群栖息于鼠兔群集处,栖息、营巢均使用鼠兔洞。杂食性。

摄影 / 彭波涌

● 棕颈雪雀

Pyrgilauda ruficollis

青藏高原特有种。雄雌同色，眼先黑色。黑色髭纹明显，颏及喉白色，覆羽羽端白色。栖息于海拔2 500~4 000米的高山裸岩、草地、草原，也见于荒漠和半荒漠地区或农田、村舍附近。杂食性。求偶时作精彩的俯冲飞行。

摄影 / 彭波涌

摄影 / 彭波涌

摄影 / 彭波涌

摄影 / 彭波涌

● **棕背雪雀**

Pyrgilauda blandfordi

青藏高原特有种。雄雌同色。成鸟眼先黑色，并有短小的黑色贯眼纹，额中心纹黑色，有一细纹上扬至眼上后方，两纹中间部分白色，形如上扬的特征性短角。栖息于干旱多石而矮草丛生的平原地带。杂食性。冬季与其他雪雀结成大群。炫耀飞行时翼半僵举并在空中振翼。

摄影 / 彭波涌

● **点翅朱雀**

Carpodacus rhodopeplus

繁殖期雄鸟具浅粉色长眉纹，特征为三级飞羽及覆羽具浅粉色点斑。雌鸟眉纹长而色浅。栖息于高山灌丛、草地和上部针叶林中。惧生。植食性。

摄影 / 彭波涌

摄影 / 彭波涌

红交嘴雀

Loxia curvirostra

保护级别：IUCN-LC

上下相交错的嘴是其最主要的野外识别特征。繁殖期雄鸟体色从橘黄色至玫红色及猩红色。雌鸟暗橄榄绿色。栖息于山地针叶林和以针叶林为主的针阔叶混交林中。喜食针叶树种子。倒悬进食，用交错嘴嗑开松子。冬季游荡且与部分鸟结群迁徙。飞行迅速而带起伏。

摄影 / 彭波涌

摄影 / 彭波涌

摄影 / 彭波涌

● **黄嘴朱顶雀**

Carduelis flavirostris
保护级别：IUCN-LC

嘴黄且小，头顶褐色较浓，颈背及上背多纵纹，腰粉红色或近白色。夏季栖息于开阔山地、泥淖及有林间空地的针叶林及混交林。以草籽和其他植物种子为食，也吃昆虫。有垂直迁移习性。

摄影 / 彭波涌

摄影 / 彭波涌

● 红头灰雀

Pyrrhula erythrocephala
保护级别：IUCN-LC

青藏高原特有种，喜马拉雅山脉特有种。嘴厚略带钩。雄鸟头顶橘黄色，雌鸟头顶及颈背黄橄榄色。栖息于海拔 2 000~4 000 米的高山针叶林和针阔叶混交林中。以植物性食物为主，也吃少量昆虫。繁殖期间单独或成对活动，非繁殖期多呈小群停栖在林下灌木或树上，也频繁下地觅食。性温顺、大胆，不甚怕人。

摄影 / 袁倩敏

- **金枕黑雀**

Pyrrhoplectes epauletta
保护级别：IUCN-LC

雄鸟体羽黑色，头顶及颈背鲜亮金色。雌鸟两翼及下体暖褐色，上背灰色，头橄榄绿色及灰色。雌雄两性翼部具明显白色条纹。栖息于海拔2 000~4 500米的高山森林和林缘灌丛与竹林中。杂食性。有时结小群，并时与朱雀混群。

摄影 / 左凌仁

摄影 / 董磊

- **白斑翅拟蜡嘴雀**

Mycerobas carnipes

保护级别：IUCN-LC

繁殖期雄鸟腰黄色，胸黑色，三级飞羽及大覆羽羽端点斑黄色，初级飞羽基部白色块斑在飞行时明显易见。雌鸟灰色，脸颊及胸具模糊的浅色纵纹。栖息于海拔 2 500~4 200 米的高山和高原地带，冬季多栖息于下部针叶林、针阔叶混交林和阔叶林。以植物性食物为主，也吃少量昆虫。冬季结群，常与朱雀混群。

摄影 / 曹宏芬

摄影 / 袁倩敏

摄影 / 彭波涌

● **血雀**

Haematospiza sipahi
保护级别：IUCN-LC

雄鸟全身醒目猩红色，飞羽偏黑羽缘红色。雌鸟上体橄榄褐色，腰黄色。栖息于海拔约 2 000 米的山地针叶林和针阔叶混交林中。杂食性。性胆怯，善藏匿，也到林缘和林下灌木上活动和觅食。

5 哺乳类

5.1 研究方法

5.1.1 调查时间

调查时间分别为：2010年9月23日至11月8日；2011年4月27日至5月17日、7月28日至8月19日；2012年5月1日至7月3日、8月2日至10月17日。野外实地调查天数共计126天。

5.1.2 调查方法

调查前在保护区管理局内进行访问，了解当地动物重要分布地点，然后在保护区内选取10个典型的调查地点，涵盖区内的四条沟谷（陈塘沟、绒辖沟、樟木沟和吉隆沟，见图4-10）。具体方法如下：

5.1.2.1 样带调查法

综合考虑保护区自然条件和动物生态习性等因素，在每个调查点内选取长5~10千米，单侧宽25~30米的2~5条样带，全区共设36条，样线覆盖了从低海拔至高海拔的沟谷和山脊。在样带调查中，以保护区工作人员或护林员为向导，记录动物实体、活动痕迹和叫声。活动痕迹包括足迹（链）、爪痕、食迹、毛发、粪便、巢穴、卧迹等，

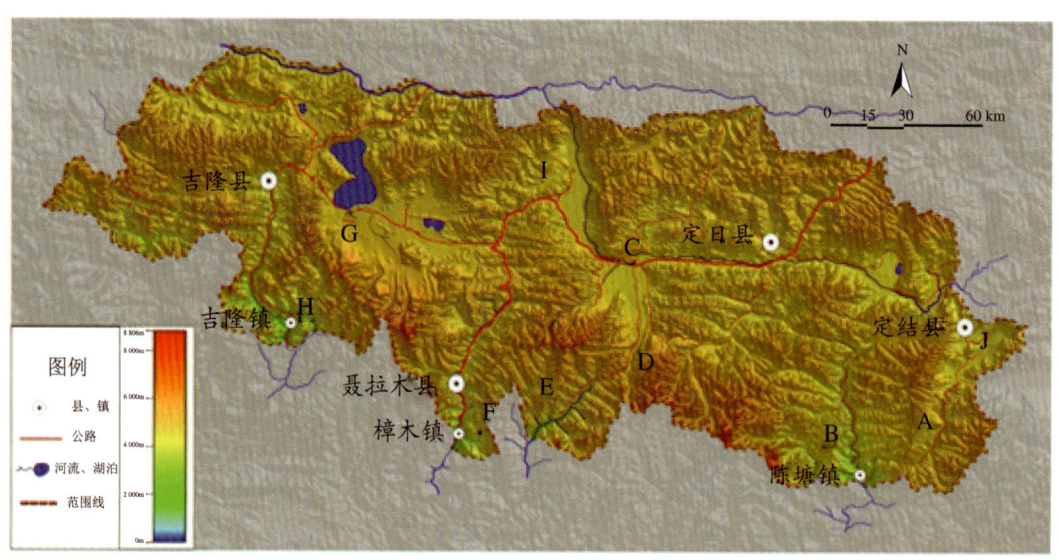

图 4-10 珠穆朗玛峰国家级自然保护区哺乳动物调查点分布图

注：A—日屋，B—陈塘沟，C—岗嘎，D—卓奥友峰，E—绒辖沟，F—樟木沟，G—色龙，H—吉隆沟，I—琐作，J—定结。

对所有确定和不确定的野生动物踪迹均做好原始信息记录和照片拍摄，并以GPS手持接收仪定点，记录地理坐标信息。

5.1.2.2 访问调查法

对保护区居民借助《中国兽类手册》（Smith & Xie，2009）进行无诱导式访问调查。考虑到访问调查法的局限性，此法常与样带调查法结合使用。

5.1.2.3 自动感应照相系统监测法

为拍摄难以发现的珍稀动物，在调查难度相对较大的区域设置自动感应照相系统（保嘉，型号：sg550）。共放设红外相机60台次，平均每个调查区6台次，放置时间6天以上。

5.1.2.4 铗日法

在野外调查期间放置鼠铗，共30天，布铗于草地、农田、山坡、林地，诱饵为花生仁。在调查区设置5~6条铗线，铗距为5米，每行放置10~20个，行距视具体情况而定，一般为30~50米。每天16:00放置鼠铗，次日11:00检查并记录。

5.1.2.5 垂直带的划分

中喜马拉雅南翼可划分出6个垂直带：从谷地底部的山地雨林带，随着海拔的上升而逐渐演变为山地常绿阔叶林带、山地针阔混交林、山地暗针叶林、高山灌丛草甸，以及永久冰雪带（张经炜和姜恕，1973；冯祚建 等，1986）。中喜马拉雅北翼可以划分出4个垂直带：高原亚寒带灌丛草原、高山亚寒带草甸、高山亚寒带冰缘和高山寒带冰雪等生态系统（Zhang，2002）。在保护区接近7 000米的海拔垂直变化梯度上，体现出热带到极地的纬度地带性气候变化。考虑到南翼和北翼的生境具有连续性，所以将保护区综合为6个垂直带，包括山地雨林带、山地常绿阔叶林带、山地针阔混交林带、山地暗针叶林带、高山灌丛草甸和高原亚寒带灌丛草原带、高山亚寒带草甸带。

5.1.2.6 物种鉴定

物种及分类系统鉴定、国家重点保护等级主要参考《中国哺乳动物种和亚种分类名录与分布大全》（王应祥，2003），并辅以《中国兽类手册》和《西藏哺乳类》（冯祚建 等，1986）。动物的分布型及其区系成分参照《中国动物地理》（张荣祖，2011）。CITES附录参考中华人民共和国濒危物种进出口办公室和濒危物种科学委员会（2011），IUCN濒危等级以IUCN官方网站（http://www.iucnredlist.org）为准。物种海拔区间的确定，根据实际发现点的最低和最高海拔区间，辅以访问调查并参考《中国兽类手册》和《西藏哺乳类》。

5.2 结果

5.2.1 区系

目前共记录哺乳类58种，结合文献资料共计10目23科81种，包含南翼76种，北翼29种。其中，保护区新增记录9种，包括灰麝鼩 *Crocidura attenuata*、北树鼩 *Tupaia belangeri*、大足鼠耳蝠 *Myotis pilosus*、穿山甲 *Manis pentadactyla*、马鹿 *Cervus elaphus*、红斑羚 *Naemorhedus baileyi* 以及长尾攀鼠属 *Vandeleuria* sp.、笔尾树鼠属 *Chiropodomys* sp. 和壮鼠属 *Hadromys* sp. 各一待定种。81种哺乳类中，食肉目25种，啮齿目20种，偶蹄目15种，兔形目7种，翼手目5种，灵长目3种，食虫目3种，树鼩目1种，鳞甲目1种，奇蹄目1种（表4-8）。

区系以东洋界物种为多，有41种，古北界29种，广布种11种，分别占50.6%、35.8%和13.6%。南、北翼动物区系差异明显，南翼东洋界41种，古北界25种，广布种10种，分别占南翼总量的54.0%、32.9%和13.2%；北翼东洋界2种，古北界23种，广布种4种，分别占北翼总量的6.9%、79.3%和13.8%。以上说明南翼以东洋界为主，北翼则以古北界为主。

国家重点保护物种共34种，其中国家Ⅰ级保护动物12种，国家Ⅱ级保护动物22种，占总物种数的42.0%。国家Ⅰ级保护动物有：熊猴 *Macaca assamensis*、喜山长尾叶猴 *Semnopithecus schistaceus*、豹 *Panthera pardus*、雪豹 *Uncia uncia*、藏野驴 *Equus kiang*、马麝 *Moschus chrysogaster*、林麝 *Moschus berezovskii*、黑（褐）麝 *Moschus fuscus*、喜马拉雅麝 *Moschus leucogaster*、野牦牛 *Bos mutus*、红斑羚、喜马拉雅塔尔羊 *Hemitragus jemlahicus*；国家Ⅱ级保护动物有：猕猴 *Macaca mulatta*、穿山甲 *Manis pentadactyla*、豺 *Cuon alpinus*、棕熊 *Ursus arctos*、黑熊 *Ursus thibetanus*、小熊猫 *Ailurus fulgens*、青鼬 *Martes flavigula*、石貂 *Martes foina*、香鼬 *Mustela altaica*、水獭 *Lutra lutra*、小爪水獭 *Aonyx cinerea*、大灵猫 *Viverra zibetha*、小灵猫 *Viverricula indica*、斑灵狸 *Prionodon pardicolor*、丛林猫 *Felis chaus*、金猫 *Catopuma temminckii*、猞猁 *Lynx lynx*、马鹿 *Cervus elaphus*、藏原羚 *Procapra picticaudata*、喜马拉雅斑羚 *Naemorhedus* goral、岩羊*Pseudois nayaur*和盘羊*Ovis ammon*。

列入CITES附录Ⅰ共12种，包括棕熊、黑熊、小熊猫等；附录Ⅱ共15种，包括猕猴、熊猴等；附录Ⅲ共7种，包括青鼬、香鼬、大灵猫等。IUCN—CR1种，即穿山甲*Manis pentadactyla*；EN 7种，包括豺、雪豹等；VU 7种，包括黑熊、猪獾等；NT 9种，包括大足鼠耳蝠、香鼬、水獭等；LC 51种，包括大爪长尾鼩*Soriculus nigrescens*、北树鼩等。

5.2.2 地域特征

区内共8种分布型，即全北型、古北型、季风型、高地型、喜马拉雅—横断山区型、南中国型、东洋型及不易归类型。其中东洋型最多29种，占35.8%；高地型和喜马拉雅—横断山区型次之，分别为17种和14种，占21.0%和17.3%，表明区内以东洋型和当地特有种为主。南翼涵盖了全部分布型，也以东洋型、喜马拉雅—横断山区型和高地型为多，分别为29种、14种和13种，占南翼总量的38.2%、18.4%、17.1%。北翼只有6种分布型，无古北型和南中国型，以高地型为多17种，占北翼总量的58.6%，其他分布型皆少于5种。由此看出，珠峰物种组成上区域性明显，南翼物种组成更为复杂，北翼则高地特点更明显。

表4-8 珠穆朗玛峰国家级自然保护区哺乳类动物

物 种	区系	分布海拔（米）	分布型	收录来源	受胁等级
Ⅰ食虫目 INSECTIVORA					
（一）鼩鼱科 Soricidae					
1. 大爪长尾鼩 *Soriculus nigrescens*	O	2 200~3 400	W	B	LC
2. 长尾鼩鼱 *Soriculus caudatu*	O	3 100~4 000	H	B	
3. 灰麝鼩 *Crocidura attenuata*	O	2 000~2 800	S	B	LC
Ⅱ攀鼩目 SCANDENTIA					
（二）树鼩科 Tupaiidae					
4. 北树鼩 *Tupaia belangeri*	O	800~3 400	W	B	LC
Ⅲ翼手目 CHIROPTERA					
（三）菊头蝠科 Rhinolophidae					
5. 角菊头蝠 *Rhinolophus cornutus*	O	800~2 500	W	D	LC
（四）蝙蝠科 Vespertilionidae					

（续表）

物　种	区系	分布海拔（米）	分布型	收录来源	受胁等级
6. 喜马拉雅鼠耳蝠 *Myotis muricola*	P	2 500~3 100	U	B	LC
7. 布氏鼠耳蝠 *Myotis brandtii*	P	3 300~4 300	U	D	LC
8. 大足鼠耳蝠 *Myotis pilosus*	O	1 400~3 000	S	B	NT
9. 灰长耳蝠 *Plecotus austriacus*	O	3 100~4 000	H	D	LC
Ⅳ 灵长目 PRIMATES					
（五）猴科 Cercopithecidae					
10. 猕猴 *Macaca mulatta*	O	900~2 500	W	B,S,V	2,Ⅱ,LC
11. 熊猴 *Macaca assamensis*	O	800~2 500	W	D	1,Ⅱ,NT
12. 喜山长尾叶猴 *Semnopithecus schistaceus*▲	O	1 680~3 000	W	B,S	1,Ⅱ,LC
Ⅴ 鳞甲目 PHOLIDOTA					
（六）鲮鲤科 Manidae					
13. 穿山甲 *Manis pentadactyla*	O	1 100~2 300	W	V	2,Ⅱ,CR
Ⅵ 食肉目 CARNIVORA					
（七）犬科 Canidae					
14. 狼 *Canis lupus*	W	4 000~5 000	C	B,V,S	Ⅱ,LC
15. 赤狐 *Vulpes vulpes*	W	800~3 500	C	V,S	LC
16. 藏狐 *Vulpes ferrilata*	P	3 600~4 800	P	B	LC
17. 豺 *Cuon alpinus*	O	3 100~4 000	W	V	2,Ⅱ,EN
（八）熊科 Ursidae					
18. 棕熊 *Ursus arctos*	P	3 600~5 000	C	D	2,Ⅰ,LC
19. 黑熊 *Ursus thibetanus*	W	3 100~4 000	E	S,V	2,Ⅰ,VU
（九）小熊猫科 Ailuridae					
20. 小熊猫 *Ailurus fulgens*	O	2 000~4 000	H	B,S	2,Ⅰ,EN
（十）鼬科 Mustelidae					
21. 青鼬 *Martes flavigula*	O	200~3 000	W	B	2,Ⅲ,LC
22. 石貂 *Martes foina*	P	3 100~4 000	U	V	2,LC
23. 香鼬 *Mustela altaica*	W	2 680~4 400	O	B	2,Ⅲ,NT

（续表）

物　种	区系	分布海拔（米）	分布型	收录来源	受胁等级
24. 黄鼬 *Mustela sibirica*	W	3 100~4 000	U	V	Ⅲ,LC
25. 猪獾 *Arctonyx collaris*	O	3 100~4 000	W	V	VU
26. 水獭 *Lutra lutra*	W	800~2 000	U	D	2,Ⅰ,NT
27. 小爪水獭 *Aonyx cinerea*	O	800~2 000	W	D	2,Ⅱ,VU
（十一）灵猫科 Viverridae					
28. 大灵猫 *Viverra zibetha*	O	680~2 500	W	D,V	2,Ⅲ,LC
29. 小灵猫 *Viverricula indica*	O	680~2 500	W	D,V	2,Ⅲ,LC
30. 花面狸 *Paguma larvata*	O	1 000~3 100	W	D,V	Ⅲ,LC
31. 短尾狸 *Paguma lanigera*	O	1 000~3 000	W	D	
32. 斑灵狸 *Prionodon pardicolor*	O	1 000~2 700	W	V	2,Ⅰ,LC
（十二）猫科 Felidae					
33. 丛林猫 *Felis chaus*	W	1 100~2 400	O	D	2,Ⅱ,LC
34. 金猫 *Catopuma temminckii*	O	1 100~3 170	W	V	2,Ⅰ,NT
35. 豹猫 *Prionailurus bengalensis*	W	1 100~3 000	W	S,V	Ⅱ,LC
36. 猞猁 *Lynx lynx*	P	3 100~4 400	C	V	2,Ⅱ,LC
37. 豹 *Panthera pardus*	W	2 000~3 000	O	B	1,Ⅰ,VU
38. 雪豹 *Uncia uncia*	P	3 000~5 500	P	B,V	1,Ⅰ,EN
Ⅶ 奇蹄目 PERISSODACTYLA					
（十三）马科 Equidae					
39. 藏野驴 *Equus kiang*★	P	4 200~5 100	P	B	1,Ⅱ,LC
Ⅷ 偶蹄目 ARTIODACTYLA					
（十四）猪科 Suidae					
40. 野猪 *Sus scrofa*	W	800~3 000	U	B,S,V	LC
（十五）麝科 Moschidae					
41. 马麝 *Moschus chrysogaster*◆	P	3 320~4 500	P	D	1,Ⅱ,EN
42. 林麝 *Moschus berezovskii*	P	2 000~3 800	S	D	1,Ⅱ,EN
43. 黑(褐)麝 *Moschus fuscus*	P	3 800~4 200	H	D	1,Ⅱ,EN

（续表）

物　种	区系	分布海拔（米）	分布型	收录来源	受胁等级
44. 喜马拉雅麝 *Moschus leucogaster* ▲	P	2 500~3 900	H	B	1, Ⅱ, EN
（十六）鹿科 Cervidae					
45. 赤鹿 *Muntiacus muntjak*	O	1 300~3 100	W	B,S,V	LC
46. 马鹿 *Cervus elaphus*	P	3 100~4 000	S	D	2,LC
（十七）牛科 Bovidae					
47. 野牦牛 *Bos mutus* ◆	P	4 000~5 000	P	D	1, Ⅰ, VU
48. 藏原羚 *Procapra picticaudata*	P	5 000~5 100	P	B	2,NT
49. 鬣羚 *Capricornis sumatraensis* ★	O	2 000~3 000	W	B	VU
50. 喜马拉雅斑羚 *Naemorhedus goral*	O	1 620~3 600	E	B	2, Ⅰ, NT
51. 红斑羚 *Naemorhedus baileyi*	O	1 400~3 000	H	D	1, Ⅰ, VU
52. 喜马拉雅塔尔羊 *Hemitragus jemlahicus* ▲	O	3 500~3 800	H	B	1,NT
53. 岩羊 *Pseudois nayaur*	P	2 400~6 000	P	B	2,LC
54. 盘羊 *Ovis ammon*		3 500~5 500	P	V	2, Ⅰ, NT
Ⅸ 啮齿目 RODENTIA					
（十八）松鼠科 Sciuridae					
55. 赤腹松鼠 *Callosciurus erythraeus*	O	1 000~3 200	W	B	LC
56. 橙腹长吻松鼠 *Dremomys lokriah*	O	1 580~3 200	H	B	LC
57. 喜马拉雅旱獭 *Marmota himalayana* ◆	P	3 750~5 200	P	B	Ⅲ,LC
58. 栗褐鼯鼠 *Petaurista magnificus*	O	2 000~3 500	H	B	LC
（十九）仓鼠科 Cricetidae					
59. 藏仓鼠 *Cricetulus kamensis*	P	3 100~5 200	P	B	LC
60. 斯氏高山䶄 *Alticola stoliczkanus* ◆	P	4 200~5 100	P	D	LC
61. 库蒙高山䶄 *Alticola stracheyinus*	P	3 340~4 200	P	B	
62. 白尾松田鼠 *Phaiomys leucurus* ◆	P	3 700~4 800	P	D	LC
63. 锡金松田鼠 *Neodon sikimensis*	O	2 800~4 500	H	D	LC
（二十）鼠科 Muridae					
64. 黑家鼠 *Rattus rattus*	O	900~2 400	W	D	LC

（续表）

物　种	区系	分布海拔（米）	分布型	收录来源	受胁等级
65. 黄胸鼠 *Rattus tanezumi*	O	2 700~3 840	W	B	LC
66. 大足鼠 *Rattus nitidus*	O	800~3 200	W	B	LC
67. 拟家鼠 *Rattus pyctoris*	O	1 200~3 800	S	B	LC
68. 针毛鼠 *Niviventer fulvescens*	O	1 100~3 300	W	B	LC
69. 灰腹鼠 *Niviventer eha*	O	2 300~3 400	H	B	LC
70. 小家鼠 *Mus musculus*	W	1 100~4 000	U	B	LC
71. 长尾攀鼠属 *Vandeleuria* sp.	O	800~1 400	W	B	−
72. 笔尾树鼠属 *Chiropodomys* sp.	O	800~1 400	W	B	−
73. 壮鼠属 *Hadromys* sp.	O	1 600~2 400	W	B	−
（二十一）豪猪科 Hystricidae					
74. 豪猪 *Hystrix brachyura*	O	1 000~2 500	W	V,S	LC
Ⅹ 兔形目 LAGOMORPHA					
（二十二）鼠兔科 Ochotonidae					
75. 间颅鼠兔 *Ochotona cansus*	P	2 700~3 800	P	D	LC
76. 高原鼠兔 *Ochotona curzoniae*	P	3 600~5 100	P	B	LC
77. 藏鼠兔 *Ochotona thibetana*	P	3 700~4 500	H	B	LC
78. 喜马拉雅山鼠兔 *Ochotona himalayana*▲	P	2 400~4 200	H	B	LC
79. 灰鼠兔 *Ochotona roylei*	P	3 300~4 700	H	B	LC
80. 大耳鼠兔 *Ochotona macrotis*	P	3 700~5 150	P	B	LC
（二十三）兔科 Leporidae					
81. 高原兔 *Lepus oiostolus*◆	P	2 700~5 200	P	B	LC

注：★—中国特有，◆—青藏高原特有，▲—喜马拉雅山脉特有；区系：O—东洋界，P—古北界，W—广布种；分布型：C—全北型，U—古北型，E—季风型，P—高地型，H—喜马拉雅—横断山区型，S—南中国型，W—东洋型，O—不易归类；收录来源：B—实体，S—痕迹，V—访问，D—资料；受胁等级：1—国家Ⅰ级，2—国家Ⅱ级，Ⅰ—CITES 附录Ⅰ，Ⅱ—CITES 附录Ⅱ，Ⅲ—CITES 附录Ⅲ，EN—濒危，VU—易危，NT—近危，LC—无危。

5.2.3 垂直变化

山地雨林带，上限海拔小于1 500米。此带主要分布在国境外的喜马拉雅山麓地区，保护区内较少，共分布有28种哺乳动物，穿山甲、小爪水獭为典型动物。

山地常绿阔叶林带，海拔1 500~2 500米，分布有42种哺乳动物，如喜山长尾叶猴、熊猴、小爪水獭、针毛鼠*Niviventer fulvescens*、豪猪*Hystrix brachyuran*、赤麂*Muntiacus mubtjak*等东洋界物种，喜山长尾叶猴和赤麂为常见种。

山地针阔混交林带，海拔2 500~3 300米，分布有48种哺乳动物，包括喜山长尾叶猴和小熊猫等东洋界物种，斑羚等北古界种，还有大爪长尾鼩、灰腹鼠*Niviventer eha*、喜马拉雅鼠兔*Ochotona himalayana*等喜马拉雅山南麓的特有种，大爪长尾鼩和喜马拉雅鼠兔的数量较多。

山地暗针叶林带，海拔3 300~4 000米，分布有42种哺乳动物，如喜马拉雅塔尔羊、喜马拉雅麝、灰腹鼠、小家鼠*Mus musculus*、喜马拉雅鼠兔等，在林缘处有库蒙高山䶄*Alticola stracheyinus*和喜马拉雅旱獭*Marmota himalayana*。

高山灌丛草甸和高原亚寒带灌丛草原带，海拔4 000~5 000米，分布有26种哺乳动物，如：南翼山坡上分布有岩羊和喜马拉雅塔尔羊，灌丛石缝有库蒙高山䶄、藏仓鼠*Cricetulus kamensis*、灰鼠兔*Ochotona roylei*、藏鼠兔*Ochotona thibetana*等。在草甸中有白尾松田鼠*Phaiomys leucurus*、高原鼠兔*Ochotona curzoniae*、喜马拉雅旱獭等。北翼则以藏原羚、藏野驴、喜马拉雅旱獭、松田鼠、库蒙高山䶄、高原兔*Lepus oiostolus*等为代表物种，与南翼的高山灌丛草甸带相比，北翼的亚寒灌丛草原只是缺少南翼一些往返于森林与灌丛草甸之间的林栖哺乳动物。

高山亚寒带草甸带，海拔大于5 000米，分布有13种哺乳动物，此地带动物区系与高原亚寒带灌丛草原较相似，但同种动物在这里的数量已经减少，如喜马拉雅旱獭只能零星见到，且最高分布到海拔5 100米；高原兔可分布到海拔5 300米处，而且遇见率也没有草原带高；藏仓鼠、大耳鼠兔*Ochotona macrotis*等也可分布到海拔5 000米处。在海拔5 600米或5 700米以上地区，哺乳类更加稀少，但是岩羊甚至可能在6 000米的山崖上出现，盘羊也可栖息在荒裸的高山地区，雪线附近仍有雪豹活动（图4-11）。

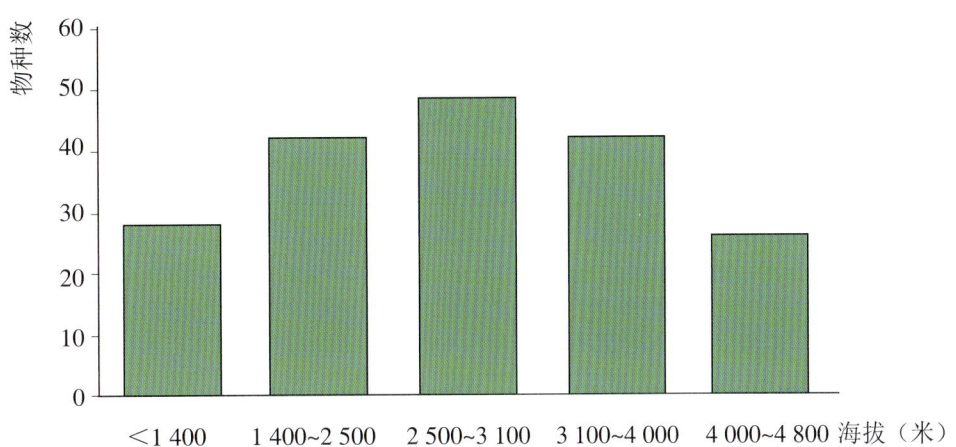

图4-11 珠穆朗玛峰国家级自然保护区生态系统——哺乳类动物垂直分布图

5.3 讨论

5.3.1 物种多样性

目前共记录哺乳类81种，占西藏自治区已知哺乳类总数的64.3%（冯作建 等，1986），说明保护区内物种占有较高的比例。珠峰保存有较多的珍稀保护种，国家Ⅰ级和Ⅱ级重点保护物种占总物种数的43.59%，除此之外，保护区许多受保护物种的个体数量仍保持较高水平，如水獭、香鼬、喜山长尾叶猴、藏野驴、藏原羚、岩羊、喜马拉雅塔尔羊等，这说明保护区在哺乳动物种数量和珍稀度上都具有极大的保护价值，同时也说明该地区受到人类活动干扰少，生态环境仍保持在较原始的状态。

根据《西藏珠穆朗玛峰国家级自然保护区范围调整部分的综合考察报告》（未出版）保护区记录的哺乳动物为77种，经文献和访问调查查证，其中有5种未能确切证明其存在而未收录，分别是：帕米尔鼩鼱 *Sorex buchariensis*、须鼠耳蝠 *Myotis mysticinus*、印度伏翼 *Pipistrellus coromandra*、艾虎 *Mustela eversmanii*、狗獾 *Meles leucurus*。为此，我们认为保护区在本次调查前的有效记录为72种，本次调查新增9种物种记录，使保护区内物种记录达到81种。

新增9个物种均在南翼发现，马鹿记录于海拔3 000米以上，其他皆记录于海拔3 000米以下区域。其中，8种为东洋界物种，1种为古北界物种；东洋型5种，南中国型3种，喜马拉雅—横断山区型1种，显示出珠峰南翼中低海拔是发现新物种或新记录种的重要区域,且多东洋界中分布较广的物种。

5.3.2 区系特点

张荣祖(2011)确定以喜马拉雅山脉为我国古北界与东洋界的分界线。保护区地处喜马拉雅山中段,位于该分界线上。区内哺乳动物区系组成整体上以东洋界物种为优势群体(东洋界50.6%,古北界35.8%),古北界与东洋界成分相互交融,但南、北翼在动物区系上差异明显:1)南翼以东洋界为主,兼具古北界成分,东洋界占56.8%、古北界占28.4%;2)北翼古北界物种优势明显,古北界占77.8%,东洋界只占7.4%,其特点是种类少,物种多样性低;3)在垂直海拔带上,随着海拔的增加古北界物种的比例增加,东洋界物种的比例减少(表4-9)。具体情况如下:

(1)海拔低于3 300米的物种数为63种,其中东洋界40种,古北界13种,分别占63.5%和20.6%;高于3 300米的物种数为44种,其中东洋界15种,古北界24种,分别占34.1%和54.5%。

(2)海拔低于4 000米的物种数为76种,到了这个海拔高度已经涵盖了南翼的所有物种,即与南翼动物总数一样,东洋界41种,古北界25种,占56.8%和28.4%;海拔高于4 000米的物种数为20种,古北界占绝对优势18种,东洋界1种,占5.0%和90.0%。

(3)海拔大于5 000米的物种数为7种,全为古北界物种。

表4-9 各海拔分界线两侧的动物区系成分

海拔(米)	区 系		
	东洋界 (物种/比例)	古北界 (物种/比例)	广布种 (物种/比例)
<3 300	40/63.5%	13/20.6%	10/30.3%
>3 300	15/34.1%	24/54.5%	5/11.4%
<4 000	41/53.9%	25/32.9%	10/13.2%
>4 000	1/5.0%	18/90.0%	1/5.0%
<5 000	41/53.9%	25/32.9%	10/13.2%
>5 000	0	7/100.0%	0

根据以上情况,我们认为在保护区不同的海拔段上东洋界和古北界物种的比例

有明显的差异，且各自的优势区域所在海拔差异明显，前者低于 3 300 米，后者高于 4 000 米。因此，我们认为保护区位于古北界和东洋界的分界线大致为 3 300~4 000 米。另外，东洋界物种在青藏高原隆起过程中，其所能达到的海拔可能在 4 000 米左右，这与环境条件和自身的逐步适应有一定关系。古北界物种在区内表现出更广的海拔适应性，其下限能到达 2 000 米左右，说明古北界物种在区内有向低海拔渗透的趋势。

本次调查扩大了以下物种的已知分布范围：

（1）《中国兽类野外手册》和《西藏哺乳类》中记录红斑羚仅在西藏东部有分布，但是笔者于吉隆县（位于西藏的西南）吉隆沟和尼泊尔边境交界处多次发现了该物种。

（2）《西藏哺乳类》中记录喜马拉雅塔尔羊分布于保护区的东部边缘，而在本次的调查中，在保护区偏西的吉隆县也有发现。

（3）在吉隆沟发现了一种蝙蝠，初定为大足鼠耳蝠，大足鼠耳蝠现在东南部地区发现较多，未有在西藏发现。

以上结果说明保护区与喜马拉雅东段的动物区系较为密切。

5.3.3 垂直分布格局

过去有学者认为随着海拔升高，物种数量会下降（Mac Arthur，1972），但随着近数十年来对动物垂直分布的研究深入，对该观点的看法有了基本的转变。许多研究发现，中海拔段的物种丰富度较高（Rahbek，1995；Brown，2001；Mccain，2005，2007）。多种因素共同决定物种的垂直分布格局，其中气候条件和生态环境造就了中海拔区域异常丰富的生物多样性。

本研究结果表明，保护区内即海拔 2 500~3 300 米的哺乳动物物种丰富度最高，其次为海拔 3 300~4 000 米和海拔 1 500~2 500 米，各为 42 种。这与世界许多山地哺乳动物的研究结果较为一致，即中海拔区域的物种最为丰富（Mccain，2004；Rahbek，1995；Lomolino，2001；Heaney，2001；Shukor，2001；SÁnchez-Cordero 2001；Wu，2012；龚正达 等，2001；李义明 等，2003）。Grytnes & Vetaas（2002）发现尼泊尔喜马拉雅山脉物种丰富度的高值出现在海拔 1 500~2 500 米处，而在低海拔与高海拔地区均较低。该结果与本次研究结果相类似，但我们调查区域最丰富的高度比其高出 1 000 米左右，这可能与其调查范围皆为南翼地区，古北界物种在此渗透不明显，而我们的调查范围兼有南、北翼地区，古北界物种的渗透现象明显有关。

另外,水分亦是影响物种丰富度的一个重要因子。中海拔段的水热条件往往能达到最佳,资源的可利用性也达到最大(Abrams,1995;Heaney,2001)。Rosenzweig(1992)和 Rahbek(1995)曾就哺乳动物物种多样性与海拔梯度的关系以及影响这种关系的生态因子进行过探讨并提出推测,认为物种丰富度会随着植被多样性增加而增加,随着降水量和湿度的增加而增加。根据此次调查发现,我们也认为保护区中海拔段物种丰富度较高的现象与当地的水热分布有密切的关系,据当地资料保护区在雨季(5—9月),海拔 2 500~3 300 米降水最为频繁且雨量大,而其他海拔降雨较少;且 2 500~3 300 米海拔段的生态环境与植被状况最好,所以该区段内物种较为丰富。

此次研究并没有考虑面积效应。尽管山地生态系统各段面积随海拔高度增加而减少(Lomolino,2001),但许多研究表明,种—面积关系不能很好地解释海拔梯度变化格局(Lomolino,2001;Heaney,2001)。加上山地生态系统是高度异质性的,面积相同而海拔不同的地点的物种丰富度差别可能非常大,因此很难用种—面积关系描述物种丰富度沿海拔梯度的分布(李义明 等,2003)。在保护区,物种最多的是中海拔段,物种数并不随海拔升高而减少,说明面积对各地段物种丰富度的影响比较小,反而与气候条件、植被状况及不同区系物种间渗透有更密切的关系。

5.4 典型物种

摄影 / 彭波涌

摄影 / 李晶晶

摄影 / 彭波涌

● 猕猴

Macaca mulatta

保护级别：国家Ⅱ级　CITES附录Ⅱ　IUCN-LC

个体小，脸部瘦削，头顶没有向四周辐射的漩毛，尾长约为体长之半。通常多灰黄色。臀胝发达，红色。多栖息在石山峭壁、溪旁沟谷和江河岸边的密林中或疏林岩山上。群居。

摄影 / 胡一鸣

喜山长尾叶猴

Semnopithecus schistaceus

保护级别：国家Ⅰ级　CITES附录Ⅱ　IUCN-LC

仅分布于西藏的稀有物种，叶猴中体型最大的一种。体毛灰白色，头顶冠毛，额部有呈螺旋状的灰白色毛，深色面颊与周围一圈白毛形成强烈对比。尾巴细长有力。栖息于海拔2 000~3 000米的中、高山地带的山地松林或杉林里。群居，个体成员间常花费较长时间互相理毛。叫声较低沉，常发出"呜波"声，既是成员之间的联络信号，又对相邻的其他种群起到占有领地的警告作用。

摄影 / 胡一鸣

摄影 / 彭波涌

摄影 / 彭波涌

摄影 / 彭波涌

摄影 / 崔林

摄影 / 卢烨媚

● 狼

Canis lupus

保护级别：CITES附录Ⅱ　IUCN-LC

毛色棕灰，外形似狼狗，但吻略尖长，口稍宽阔，耳竖立不曲。尾挺直状下垂。腿细长强壮，善跑。嗅觉敏锐，听觉良好，性残忍而机警。西藏地区的狼总是形单影只地在草原上游荡，采用穷追方式获得猎物。

摄影 / 袁倩敏

摄影 / 黄立

摄影 / 袁倩敏

● **藏狐**

Vulpes ferrilata

保护级别：IUCN-LC

大小接近赤狐或略小，但耳短小，长不及后足长之半，耳背之毛色与头部及体背部近似。尾形粗短，长度不及体长之半。冬毛毛被厚而茸密，毛短而略卷曲。背中央毛色棕黄，体侧毛色银灰。尾末端近乎白色。分布于高原地带。喜独居。通常在旱獭的洞穴居住。以野鼠、野兔、鸟类和植物果实为食。

摄影 / 左凌仁

● 棕熊

Ursus arctos

保护级别：国家Ⅱ级　CITES附录Ⅰ　IUCN-LC

陆地上体形最大的食肉目动物之一。头大而圆，体形健硕，肩背隆起。主要栖息在寒温带针叶林中，多在白天活动。

摄影 / 刘思远

摄影 / 袁倩敏

摄影 / 王斌

● 小熊猫

Ailurus fulgens

保护级别：国家Ⅱ级　CITES附录Ⅰ　IUCN-VU

体形肥胖。全身红褐色，脸圆，脸上有白斑，唇、耳缘和颊白色，四肢棕黑色；粗尾长度超过体长一半，尾上具9个棕黑色与棕黄色相间的环纹。性格温顺文雅，颇逗人喜爱。

摄影 / 彭波涌

摄影 / 彭波涌

● **青鼬**

Martes flavigula

保护级别：国家Ⅱ级　CITES附录Ⅲ　IUCN-LC

体形细长，头及颈背部、身体后部、四肢及尾巴均为暗棕色至黑色，喉胸部毛色鲜黄。栖息于山地森林或丘陵地带的树洞或岩洞中。取食小型啮齿类、鸟类以及昆虫和野果，酷爱食蜂蜜，又称"蜜狗"。

摄影 / 彭波涌

● 豹

Panthera pardus

保护级别：国家Ⅰ级　CITES附录Ⅰ　IUCN-NT

又称金钱豹。头圆，耳小。全身棕黄色而遍布黑褐色金钱花斑。性机警，视觉和嗅觉异常灵敏，善于跳跃和攀爬，是食性广泛、胆大凶猛的一类动物。独居，晨昏时常在林中游荡觅食。

● 香鼬

Mustela altaica

保护级别：国家Ⅱ级　CITES附录Ⅲ　IUCN-NT

体形细长。颈部较长，四肢较短，尾粗。栖息于山地森林、平原农田等地带。大多单独活动于灌丛、草坡、洞穴、岩石缝隙、乱石堆等处。栖息高度可达海拔4 500米。喜欢穴居，常利用鼠类等其他动物的洞穴为巢。在高海拔的高山草甸上常可见到香鼬捕食鼠兔。

摄影／彭波涌

📷 珠峰保护区管理局供图

● 雪豹

Uncia uncia

保护级别：国家Ⅰ级　CITES附录Ⅰ　IUCN-EN

中亚高原特有种。全身灰白色，背部、体侧及四肢外缘满布不规则的黑环。肩部黑斑形成三条线直至尾根，尾尖黑色。生活在雪线以上，行踪诡秘，夜间活动，被誉为世界上最美丽的猫科动物，数量稀少。

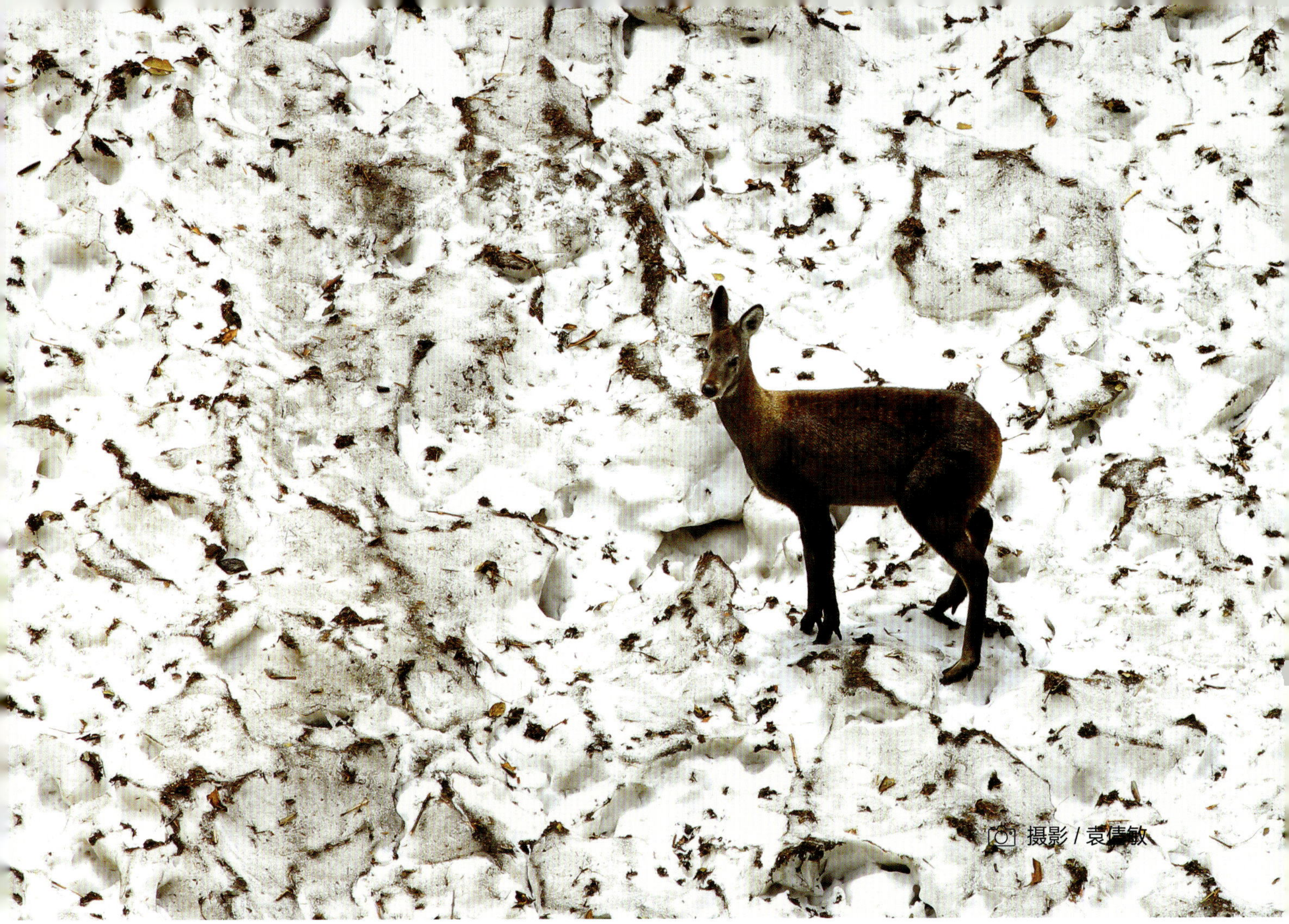

摄影 / 袁倩敏

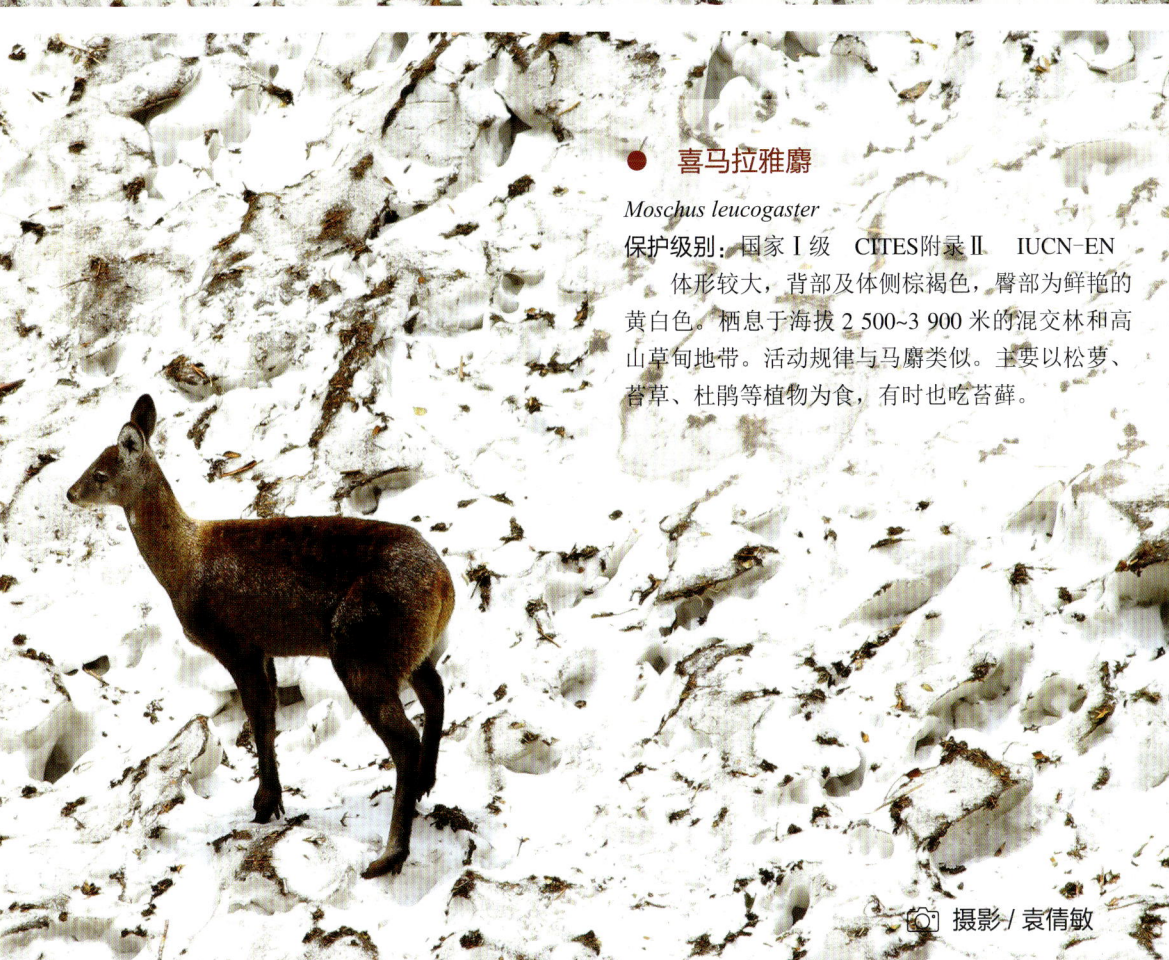

喜马拉雅麝

Moschus leucogaster

保护级别： 国家Ⅰ级　CITES附录Ⅱ　IUCN-EN

体形较大，背部及体侧棕褐色，臀部为鲜艳的黄白色。栖息于海拔 2 500~3 900 米的混交林和高山草甸地带。活动规律与马麝类似。主要以松萝、苔草、杜鹃等植物为食，有时也吃苔藓。

摄影 / 袁倩敏

摄影 / 彭波涌

摄影 / 彭波涌

摄影 / 袁倩敏

摄影 / 彭波涌

● **藏野驴**

Equus kiang

保护级别：国家Ⅰ级　CITES附录Ⅱ　IUCN-LC

青藏高原特有种。体形酷似驴、马杂交而产的骡子，因尾稍似马尾，所以有人又称其为"野马"。栖息于海拔3 600~5 400米的高原荒漠地带。群居，营游移生活。对寒冷、日晒和风雪均具有极强的耐受力。

摄影 / 彭波涌

摄影 / 彭波涌

摄影 / 彭波涌

● 赤麂

Muntiacus muntjak

保护级别：IUCN-LC

麂属中体型较大的一种。雌性无角。雄性拥有长而向后内弯曲的两叉角，角柄长度居麂类之冠。上颌长有粗长向下的犬齿。额腺明显，最后交叉成 V 形。栖息于山地、丘陵地区灌丛和低海拔阔叶林带。独居。受惊时发出类似狗吠的响亮叫声，也被称为"吠鹿"。取食植物枝叶、果实等。

● **鬣羚**

Capricornis sumatraensis

保护级别： IUCN-NT

毛色以黑色为主，夹杂灰褐色。浅色的四肢与深色的身体对比强烈。头颈后白色或灰白色鬣毛自颈部下垂成为其最显著的识别特征。雌雄均有角。栖息于海拔 1 000~4 400 米的针阔混交林、针叶林或多岩石的杂灌林。

摄影 / 彭波涌

摄影 / 袁倩敏

摄影 / 彭波涌

摄影 / 姚志军

摄影 / 袁倩敏

● **藏原羚**

Procapra picticaudata

保护级别：国家Ⅱ级　IUCN-NT

青藏高原特有种，有"西藏黄羊"之称。体毛灰褐色，远看接近沙土黄色，腹部白色。耳朵狭而尖小。仅雄性具角。奔跑时白色的臀斑使其很容易与藏羚羊区分开来。常见于高海拔的高寒草甸和干旱草原地带。草食动物。在不同季节会结成不同大小的群体。

摄影 / 彭波涌

摄影 / 郭亮

● 丽褐鼯鼠

Petaurista magnificus
保护级别：IUCN-LC

背部暗棕色或黄棕色，从头至尾有暗棕色到淡黑色的纵条纹，肩部具明显黄色斑，足黑色。栖息于山地常绿阔叶林带。以叶芽、花果等为食。叫声响亮，能发出一种非常单调的隆隆声。

摄影 / 胡一鸣

摄影 / 李晶晶

摄影 / 胡一鸣

● 喜马拉雅斑羚

Naemorhedus goral

保护级别： 国家Ⅱ级　CITES附录Ⅰ　IUCN-NT

毛色随地区而有差异，一般为灰棕褐色。沿脊背有1条黑褐色背纹，喉部有白色或黄色的浅喉斑。雌雄均具黑色短直的角。善于跳跃和攀登。

摄影 / 黄立

摄影 / 彭波涌

摄影 / 李晶晶

摄影 / 李晶晶

摄影 / 李晶晶

● **喜马拉雅塔尔羊**

Hemitragus jemlahicus

保护级别：国家 I 级　IUCN-NT

　　全身被毛粗硬，暗灰褐色或褐色。雌雄均具灰褐色的角，正面呈倒"人"字形。雄性肩颈部的毛密长，红棕色或深褐色，下垂至膝部形成鬣毛。草食动物。体型健壮，善于攀爬，在陡峭的悬崖峭壁上攀爬跳跃时如履平地。

● 岩羊

Pseudois nayaur

保护级别：国家Ⅱ级　IUCN-LC

体背棕灰或石板灰色带有蓝色，腹及四肢内侧白色，四肢前部黑色。雌雄均有角，雄性两角基部接近，双角呈V形，向后外侧弯曲。栖息于海拔2 500~5 000米的无林山地。由于毛色与岩石极其相近，故不易被发现。

摄影 / 袁倩敏

摄影 / 胡慧建

摄影 / 姚志军

摄影 / 陈邵峰

摄影 / 彭波涌

摄影 / 郭亮

摄影 / 袁倩敏　　　　　　　　　　　摄影 / 胡一鸣

● 喜马拉雅旱獭

Marmota himalayana

保护级别：CITES附录Ⅲ　IUCN-LC

体型矮胖。背毛草黄色或浅黄色，夹杂有很多不规则的黑斑点，吻部具黑色或淡黑棕色斑点。栖息于海拔3 750~5 200米的高山草甸草原。穴居，对草原危害较大。

● **赤腹松鼠**

Callosciurus erythraeus

保护级别：IUCN-LC

背部橄榄色，腹部鲜红色、褐紫色、棕色或暗黄色，尾呈扩散带状，有黑色和棕黄色斑点，有时毛尖黑色。广泛分布于低海拔热带和亚热带森林，偶尔也生活在亚高山针叶林或海拔 3 000 米以上的针阔混交林带。

摄影 / 袁倩敏

摄影 / 韦启浪

● 灰腹鼠

Niviventer eha

保护级别：IUCN-LC

具柔软而蓬松的暗淡浅棕黄色背毛，腹毛个别毛基灰色，毛尖暗灰白色，使腹毛整体上呈浅灰白色或烟色；尾毛在尾梢明显加长，形成一个小毛刷。栖息在以针叶林和杜鹃林为主的凉爽、潮湿的温带森林。食昆虫及其幼虫，也吃一些果实和含淀粉的根。

摄影 / 彭波涌

摄影 / 彭波涌

● **高原鼠兔**

Ochotona curzoniae

保护级别：IUCN-LC

夏季背毛沙棕色或深沙褐色；腹毛沙黄色或浅灰白色；耳背铁锈色，耳缘白色。冬季背毛沙黄色或米黄色。鼻端浅黑色。足底多毛，前后足都有黑色长爪。栖息于开阔的高海拔高山草甸、草甸草原或荒漠草原。食草。

摄影 / 彭波涌

摄影 / 彭波涌

摄影 / 彭波涌

摄影 / 彭波涌

摄影 / 彭波涌

● **藏鼠兔**

Ochotona thibetana

保护级别：IUCN-LC

中国特有种。夏季背毛茶褐色、浅红棕色、深棕色或沙棕色。淡黄色项带向下延伸至腹部中线。耳深棕色，耳缘具白色窄边。冬季背毛淡黄色到暗棕色。

摄影 / 卢烨媚

摄影 / 彭波涌

● 高原兔

Lepus oiostolus

保护级别：IUCN-LC

青藏高原特有种。背毛沙黄色、亮淡棕色、暗黄褐色和茶褐色，臀部具大块显眼灰色斑。耳尖黑色。尾背面暗灰色，尾下白色。栖息于高山草地、高山草甸、灌丛草甸和高山荒漠带，最高可分布至海拔 5 300 米左右，分布广泛。

摄影 / 郭亮

摄影 / 彭波涌

第五章
评价与建议

CHAPTER 5
Review and Proposals

1 资源评价

受到地理条件的限制，珠峰这片广袤的大地仍然保持着较好的原始自然性，为我们理解和掌握该地区的野生动物生存现状提供了重要的基础。经过近四年的调查，我们基本掌握了珠峰保护区陆生野生脊椎动物的整体情况和资源特点：

首先，珠峰保护区是西藏物种多样性的极丰富地。截至目前，已记录到491种陆生野生脊椎动物物种，超过西藏自治区已知物种总量的75%，也超过了雅鲁藏布大峡谷国家级自然保护区的物种总量。其中，保护区内鸟类（390种）和哺乳类（81种）分别占西藏自治区已知物种总量的82.5%和64.3%，要远高于两栖类（9种）的18.0%和爬行类（11种）的17.2%。比起与保护区面积相当的热带岛屿——海南岛（鸟类355种，哺乳类76种，两栖类38种，爬行类114种）（史海涛 等，2001，2005），本地区的鸟类和哺乳类物种多样性水平仍然占有相当优势，而两栖类和爬行类则远少于海南岛。这说明，恒温动物对青藏高原上的适应性明显优于变温动物。

其次，保护区是青藏高原特色物种和珍稀物种的聚集地。特殊的地域及复杂的环境不但使之成为藏野驴、喜山长尾叶猴、棕尾虹雉等特色珍稀物种的集中分布地，其丰富的高原特有成分还展现出西藏南部区域和喜马拉雅山地的鲜明特点。保护区的两栖类和爬行类中，绝大多数都具有高地和喜马拉雅山地特征；而鸟类中具高地和喜马拉雅山地特征的达122种（占30%）；哺乳类中具有高地和喜马拉雅山地特征的达31种（占35%）。在珍稀濒危物种方面，保护区分布有84种国家Ⅰ级和Ⅱ级重点保护物种，数量之多在全国的保护区中屈指可数，充分说明保护区在物种的保护和研究上具有举足轻重的地位。

再者，保护区是两大区系——古北界和东洋界物种的重要分界地。喜马拉雅山脉由西向东将保护区一分为二，为南、北两翼带来截然不同的物种组成。气候干燥，广袤无垠的北翼地区生存环境恶劣，生态脆弱性高，多高原特色物种，但物种多样性较低，仅分布有166种，以古北界物种占优势。南翼受水流的冲蚀作用，沟谷纵横，地貌复杂多变，生态系统垂直变化明显，孕育了丰富的物种多样性，物种数达418种，以东洋界物种为主。南翼的物种数超过北翼的2.5倍之多。从新物种或新记录种的发现地来看，主要集中在南翼沟谷。因此，南翼是保护区内进一步发现新物种和新记录的重要区域和物种多样性的丰富区域。

此外，保护区是物种多样性垂直海拔梯度变化研究的理想地。保护区拥有全世界最大的海拔落差（达7 000余米），植被在海拔梯度上分层明显，与之相应的动物多样性也呈现出明显的分层特点。鸟类和哺乳类的垂直变化都符合近年来被提出的"中域理论"的特点，即中、高海拔（3 300~4 000米）之间的物种最为丰富，且东洋界和古北界物种的相互渗透现象明显。另一方面，不同区系物种显示出不同的变化规律，古北界物种在高海拔区域占优势，特别是在海拔3 300~4 000米，出现物种最大值；而东洋界物种则在低海拔区域占优势，且物种随海拔变化由下向上逐渐减少，到4 800米后接近于零值；整体反映出古北界物种向低海拔的渗透要强于东洋界物种向高海拔渗透的特点。

最后，保护区是多种动物地理区域物种的交流地。保护区是世界上两个极为特殊生物地理省的典型代表地段，这在世界自然保护区中亦属罕见，更令人感兴趣的是，保护区还是几个重要自然地理区域的交错地带（即古北界和印度、马来两大生物地理区域，西藏和喜马拉雅高地两省级生物地理区域以及东喜马拉雅和西喜马拉雅两个三级生物地理区域），反映出保护区生物物种来源的多样性，也间接说明了保护区物种的丰富性。例如，在保护区南缘新发现的喜山原矛头蝮（新种）和马来熊，说明区内含有印度、马来热带生物成分；在保护区西边贡当地区活动的盘羊，显示出与西喜马拉

第五章 评价与建议 203
CHAPTER 5 Review and Proposals

摄影 / 董磊

摄影 / 董磊

摄影 / 李俊杰

雅生物地理区域的密切联系；喜马拉雅麝和红斑羚的出现，也说明东喜马拉雅生物成分的存在。

总之，保护区具特色鲜明的典型青藏高原和喜马拉雅高地自然地理区域特征，其丰富的野生动物资源、完整的垂直梯度变化以及大量珍稀物种的存在，充分说明保护区在全球生物多样性保护和研究上所具有的独特而重要的地位。

2 保护建议

珠峰保护区在全球生物多样性保护和研究上具有重要地位，然而随着全球变化和逐年增长的经济发展带来的巨大压力，加强对珠峰保护区的生态保护迫在眉睫且具有重大意义。因此，我们针对保护区的自身特点，在现有保护巡护、宣传和保育等措施基础上，提出以下补充性的保护建议：

（1）继续深入开展动物资源科学考察，特别是沟谷区域的科考，以切实全面地掌握区内的本底资源。虽然目前已经进行了三年系统的、全区域的野生动物科考，较准确地掌握了区内野生动物资源特点，但由于资金、设备及外部条件的限制，真正达到全面调查的区域不足保护区面积的1/3。保护区南翼的高山峡谷区是动物多样性最为丰富的区域和新物种（新记录种）的发现地，但在保护区的四条沟谷中，只有吉隆沟进行了详细的调查，其他三条沟谷还有待更加深入的科考，相信将有更多的新物种和新记录种被发现，也能更好、更全面、更科学地掌握保护区全区的野生动物资源，从而为保护决策的制定提供重要支撑。

（2）对保护区进行科学、合理的分区，按照实际情况作出调整，平衡区域内的人地关系。保护区内包含很多居民点，特别是所属四个县城也被划入保护区，这与相关保护条例有所冲突，也给管理带来诸多的不便，还导致现有社会的发展以及自然环境的保护之间形成无法回避的冲突。保护区要通过必要的调整，实现区域的科学、有效与和谐。

（3）加强与企业的合作，通过多种形式，引入企业力量开展保护工作。目前，万科雪豹基金会已经开始在珠峰雪豹的保护上发挥着积极作用，为当地的生态保护注入了新的力量和资金。随着企业社会责任感的增强和公益活动的增加，今后将有更多的

摄影 / 李振宇

摄影 / 董磊

摄影 / 徐建

第五章 评价与建议　209
CHAPTER 5 Review and Proposals

企业会在生态保护上发挥优势力量。珠峰保护区也应在一定程度上考虑与企业间的合作，形成"众人拾柴火焰高"的效果。

（4）针对区内的生态脆弱区，特别是喜马拉雅山脉北翼，要采取更为严格的控制措施。喜马拉雅北翼的生态环境极为脆弱，一旦受到破坏，则需要几十年甚至上百年的时间才能恢复。而与此对应的野生动物栖息地一旦破坏，许多珍稀濒危的野生物种，如藏野驴、藏原羚等可能会永远在本区域内灭绝。因此，喜马拉雅北翼的希夏邦马峰核心区、珠峰核心区、琐作—岗嘎湿地以及琼孜—岗巴湿地等都应受到严格保护。

（5）从整体性考虑，加强与尼泊尔的合作。珠峰为中、尼共同拥有，双方在保护区内的四大沟谷中相互为邻。然而野生动物无国界，许多野生动物在沟内形成了冬季向下迁徙至尼泊尔境内，而春夏季则上迁至我国境内的情况，如在保护区内新发现的马来熊、棕额啄木鸟、喜山长尾叶猴等。许多物种事实上是双方共有，所以有必要加强与尼泊尔的合作，建立互动机制共同开展保护行动。

（6）发挥藏族文化和佛教思想在生态保护上的作用。藏族文化和佛教皆有不随意杀害野生动物的传统，在野生动物的保护上起到非常显著的作用。有藏民活动的地方，一般不会出现随意猎杀野生动物的情况，更有许多藏民在自己的家畜受到攻击而损失的情况下，即使捕到肇事动物也会将其放生。

（7）加强对牧场的管理和野生动物肇事补偿工作，解决人畜间的冲突。由于当地保护力度的增强，一些区域内野生动物的数量在随之增加。然而却带来两个关键问题：一是随着食肉性动物数量的增加，如雪豹、金钱豹等，对当地牧民的牲畜攻击次数和捕杀数量也在不断增加，给当地居民带来较大的损失，导致当地居民不满，增加了保护的压力；二是草食性动物数量增加后，出现与家畜竞争食源、牧场的情况，甚至有时对当地的农作物造成大的破坏，大大限制了野生动物的恢复。目前由于资金能力和相关机制的原因，还有许多地方需要改进和加强。

（8）加强与科研单位的合作，建立相应的科研基地，引入多元化的科研力量，提升保护区的科研能力。由于多种原因，科研机构一般很少参与保护区的生态保护工作，而保护区自身也缺乏对科研的后勤保障机制和相应的平台服务。为此，建议建立具有野外救助、后勤支援和科研支撑的野外研究基地，达到筑巢引凤的效果。基地工作可集中在以下方面：

摄影 / 黄立

1）野生动物进化和生态适应能力的研究。珠峰保护区既拥有全球最完整的垂直海拔变化剖面，又拥有大量对极端环境适应的物种，是生物进化、遗传和仿生学等研究不可多得的宝地。另外，珠峰保护区也为我们保留了大量自然且原始的遗传资源，建立相应的遗传种质资源库也是保护的重要措施之一。

2）全球气候变化对保护区的生态及区内野生动物的影响。珠峰作为世界的第三极，正受到全球气候变化带来的影响，冰川的消退同时也将影响世界气候和水文的变化，这些变化都将使本区域的野生动物面临前所未有的生存压力。那么，及时开展相关研究既能了解目前珠峰受到的生态影响，也能尽快掌握野生动物与当前生态变化相适应的机制。

3）利用基地建设能力，建设特色科普馆。珠峰地区对外界而言仍然充满着神秘和未知，丰富的野生动物资源和景观资源又为外界所仰慕，其中更深含着许许多多的科学知识和故事。这些知识和故事既能帮助外界认识珠峰，同时也能提升外界对珠峰的保护意识和关注。

参考文献

References

陈耘，张林源，1995．西藏珠穆朗玛自然保护区野生动物状况与保护 [J]．生物多样性与人类未来，155-160．

费梁，叶昌媛，2001．西藏聂拉木地区波留宁棘蛙的记述 [J]．动物学报，47：476-478．

费梁，叶昌媛，胡淑琴，等，2009a．中国动物志．两栖纲．中卷：无尾目 [M]．北京：科学出版社．

费梁，叶昌媛，胡淑琴，等，2009b．中国动物志．两栖纲．下卷：无尾目．蛙科 [M]．北京：科学出版社．

冯祚建，蔡桂全，郑昌琳，1984．西藏哺乳类名录 [J]．兽类学报，4：341-358．

冯祚建，蔡桂全，郑昌琳，1986．西藏哺乳类 [M]．北京：科学出版社．

龚正达，吴厚永，段兴德，等，2001．云南横断山区小型哺乳动物物种多样性与地理分布趋势 [J]．生物多样性，9（1）：73-79．

胡淑琴，1987．西藏两栖爬行动物 [M]．北京：科学出版社．

李渤生，1993．珠穆朗玛峰自然保护区的初步评价 [J]．自然资源学报，8（2）：97-103．

李丕鹏，赵尔宓，董丙君，2010．西藏两栖爬行动物 [M]．科学出版社．

李胜全，1983．我国锦蛇属的一种新记录——南峰锦蛇 [J]．两栖爬行动物学报，2（1）：78．

李义明，许龙，马勇，等，2003．神农架自然保护区非飞行哺乳动物的物种丰富度：沿海拔梯度的分布格局 [J]．生物多样性，11（1）：1-9．

马丽华，1999．青藏苍茫：青藏高原科学考察50年 [M]．北京：三联书店．

饶定齐，2000．西藏两栖爬行动物多样性的补充调查及现状 [J]．四川动物，19（3）：107-112．

四川省生物研究所两栖爬行动物研究室，1977a．西藏两栖动物初步调查报告 [J]．动物学报，23（1）：54-63．

四川省生物研究所两栖爬行动物研究室，1977b．西藏爬行动物区系调查及新种描述 [J]．动物学报，23（1）：64-71．

史海涛，蒙激流，熊燕，等，2001．海南陆栖脊椎动物检索 [M]．海口：海南出版社．

史海涛，2005．海南陆栖脊椎动物野外实习指导 [M]．海口：海南出版社．

王斌，彭波涌，李晶晶，等，2013．珠穆朗玛峰国家级自然保护区鸟类群落结构与多样性 [J]．动物学杂志，33（10）：3056-3064.

王应祥，2003．中国哺乳动物物种和亚种分类名录与分布大全 [M]．北京：中国林业出版社．

王祖祥，1982．喜马拉雅地区鸟类区系及垂直分布 [J]．动物学研究，（S3）：251-292.

叶昌媛，费梁，1992．中国西藏角蟾属锄足蟾科一新种 [C]// 李德俊．两栖爬行动物学研究．贵阳：贵州科技出版社，50-52.

尹秉高，刘务林，1992．西藏珍稀野生动物与保护 [M]．北京：中国林业出版社．

马敬能，菲利普斯，何芬奇，2000．中国鸟类野外手册 [M]．长沙：湖南教育出版社．

张孚允，杨若莉，1997．中国鸟类迁徙研究 [M]．北京：中国林业出版社．

张经炜，姜恕，1973．珠穆朗玛峰地区的植被垂直分带及其与水平地带关系的初步研究 [J]．植物学报，15（2）：222-236.

张荣祖，2011．中国动物地理 [M]．北京：科学出版社．

张玮，张镱锂，王兆锋，等，2006．珠穆朗玛峰自然保护区植被变化分析 [J]．地理科学进展，25（3）：12-22.

赵尔宓，2006．中国蛇类：上册 [M]．合肥：安徽科学技术出版社．

赵尔宓，江耀明，黄庆云，等，1999．中国动物志．爬行纲．第二卷:有鳞目．蜥蜴亚科 [M]．北京：科学出版社．

郑光美，2011．中国鸟类分类与分布名录：第 2 版 [M]．北京：科学出版社．

中国科学院青藏高原综合科学考察队，1983．西藏鸟类志 [M]．北京：科学出版社．

中国科学院青藏高原综合科学考察队，1988．西藏植被 [M]．北京：科学出版社．

中国科学院西藏科学考察队，1974．珠穆朗玛峰地区科学考察报告 1966—1968，生物与高山生理 [M]．北京：科学出版社．

Abrams P A, 1995. Monotonic or unimodal diversity-productivity gradients: what does competition theory predict [J]. Ecology, 76 (7): 2019-2027.

Brown J H, 2001. Mammals on mountainsides: elevational patterns of diversity [J]. Global Ecology and Biogeography, 10(1):101-109.

Colwell R K, Hurtt G C, 1994. Nonbiological gradients in species richness and a spurious Rapoport effect [J]. The American Naturalist, 144(4): 570-595.

Colwell R K, Lees D C, 2000. The mid-domain effect: geometric constraints on the geography of species richness [J]. Trends in Ecology and Evolution, 15(2): 70-76.

Frost D R, 2013. Amphibian Species of the World: An Online Reference. Version 5.6. http://research.amnh.

org/herpetology/amphibia/(accessed 2013-01-09).

Grytnes J A, Vetaas O R, 2002. Species and altitude: a comparison between null models and interpolated plant species richness along the Himalaya altitude gradient, Nepal [J]. The American Naturalist, 159(3): 294-304.

Heaney, L R, 2001. Small mammal diversity along elevational gradients in the Philippines: an assessment of patterns and hypotheses [J]. Global Ecology and Biogeography, 10(1):15-39.

James F L, David A C, 2006. Raptors of the World [M]. Princeton and Oxford: Princeton University Press, 1-320.

Jetz W, Rahbek C, 2001. Geometric constraints explain much of the species richness pattern in African birds[J]. Proceedings of the National Academy of Sciences of the United States of America, 98(10): 5661-5666.

Li J J, Cao H F, Jin K, et al, 2012. A new record in Picidae of China: the brown-fronted woodpecker [J]. Chinese Birds, 3(3): 240-241.

Lomolino M V, 2001. Elevation gradients of species-density: historical and prospective views [J]. Global Ecology and Biogeography, 10(1): 3-13.

MacArthur R H, 1972. Geographical Ecology: Patterns in the Distribution of Species [M]. Harper & Row, New York.

Maclaren P I R, 1947. Notes of the birds of the Gyantse road, southern Tibet, May 1946 [J]. Journal of Bombay Natural History Society, 47(2): 301-308.

Mccain C M, 2004. The mid-domain effect applied to elevational gradients: species richness of small mammals in Costa Rica [J]. Journal of Biogeography, 31(1): 19-31.

Mccain C M, 2005. Elevational gradients in diversity of small mammals [J]. Ecology, 86(2): 366-372.

Mccain C M, 2007. Could temperature and water availability drive elevational species richness patterns? A global case study for bats [J]. Global Ecology and Biogeography, 16(1): 1-13.

Rosenzweig M L, 1992. Species diversity gradients: we know more and less than we thought [J]. Journal of Mammalogy, 73(4): 715-730.

Shukor M D Nor, 2001. Elevational diversity patterns of small mammals on Mount Kinabalu, Sabah, Malaysia [J]. Global Ecology and Biogeography, 10(1): 41-62.

Pan H J, Chettri B, Yang D D, et al, 2013. A new species of the genus Protobothrops (Squamata: Viperidae) from southern Tibet, China and Sikkim, India [J]. Asian Herpetological Research, 4(2): 109-115.

Rahbek C, 1995. The elevational gradient of species richness: a uniform pattern [J]. Ecography, 18 (2): 200-

205.

Richard Grimmett, Carol Inskipp, Tim Inskipp, 2000. Birds of Nepal [M]. Princeton: Princeton University Press, 1-288.

SÁnchez-Cordero V, 2001. Elevation gradients of diversity for rodents and bats in Oaxaca, Mexico [J]. Global Ecology and Biogeography, 10 (1): 63–76.

Smith A T, Xie Y, 2009. A Guide to the Mammals of China [M]. Changsha: Hunan Education Press, 1-671.

Uetz P, Hallermann J, 2012. The Reptile Database. http://reptile-database. reptarium. cz/ (accessed 2012-10-30).

Vaurie C, 1972. Tibet and Its Birds [M]. London: H. F. G. Witherby Limited, 1-407.

Wu Y J, 2012. What drive the species richness patterns of non-volant small mammals along a subtropical elevational gradient [J]. Ecography, 35(1): 1-12.

Zhang R Z, 2002. Geological events and mammalian distribution in China [J]. Acta Zoologica Sinica, 48 (2): 141-153.

Zhao E M, 1999. Distribution patterns of amphibians in temperate Eastern Asia [M]. In: Patterns of Distribution of Amphibians (ed. William E D), pp. 421-443. Johns Hopkins University Press, Baltimore.

附录 I 珠穆朗玛峰国家级自然保护区物种名录

Appendix 1 Checklists of Mt. Qomolangma National Nature Reserve

两栖类 AMPHIBIA

Ⅰ 无尾目 ANURA

（一）角蟾科 **Megophryidae**

1. 西藏齿突蟾 *Scutiger boulengeri*
2. 锡金齿突蟾 *Scutiger sikkimensis*
3. 张氏异角蟾 *Xenophrys zhangi*

（二）蟾蜍科 **Bufonidae**

4. 喜山棱眶蟾 *Duttaphrynus himalayanus*

（三）蛙科 **Ranidae**

5. 湍蛙未定种 *Amolops* sp.

（四）叉舌蛙科 **Dicroglossidae**

6. 高山倭蛙 *Nanorana parkeri*
7. 波留宁棘蛙 *Paa polunini*
8. 棘臂蛙 *Paa liebigii*
9. 棘蛙未定种 *Paa* sp.

爬行类 REPTILIA

Ⅰ 有鳞目 SQUAMATA

i 蜥蜴亚目 LACERTIFORMES

（一）鬣蜥科 **Agamidae**

1. 喜山攀蜥 *Japalura kumaonenesis*
2. 南亚岩蜥 *Laudakia tuberculata*
3. 西藏沙蜥 *Phrynocephalus theobaldi*

（二）石龙子科 **Scincidae**

4. 喜山滑蜥 *Scincella himalayana*

ii 蛇亚目 SERPENTIFORMES

（三）游蛇科 **Coluburidae**

5. 南峰晨蛇 *Orthriophis hodgsoni*
6. 平头腹链蛇 *Amphiesma platyceps*
7. 小头坭蛇 *Trachischium tenuiceps*
8. 腹链蛇未定种 *Amphiesma* sp.

（四）蝰科 **Viperidae**

9. 西藏竹叶青蛇 *Himalayophis tibetanus*
10. 山烙铁头蛇 *Ovophis monticola*
11. 喜山原矛头蝮 *Protobothrops himalaynus*

鸟类 AVES

Ⅰ 䴙䴘目 PODICIPEDIFORMES

（一）䴙䴘科 **Podicipedidae**

1. 小䴙䴘 *Tachybaptus ruficollis*
2. 凤头䴙䴘 *Podiceps cristatus*

Ⅱ 鹈形目 PELECANIFORMES

（二）鸬鹚科 **Phalacrocoracidae**

3. 普通鸬鹚 *Phalacrocorax carbo*

Ⅲ 鹳形目 CICONIIFORMES

（三）鹭科 **Ardeidae**

4. 苍鹭 *Ardea cinerea*
5. 大白鹭 *Egretta alba*
6. 牛背鹭 *Bubulcus ibis*

Ⅳ 雁形目 ANSERIFORMES

（四）鸭科 **Anatidae**

7. 斑头雁 *Anser indicus*
8. 赤麻鸭 *Tadorna ferruginea*
9. 翘鼻麻鸭 *Tadorna tadorna*
10. 赤颈鸭 *Anas penelope*
11. 赤膀鸭 *Anas strepera*

12. 绿翅鸭 *Anas crecca*
13. 绿头鸭 *Anas platyrhynchos*
14. 针尾鸭 *Anas acuta*
15. 赤嘴潜鸭 *Netta rufina*
16. 白眼潜鸭 *Aythya nyroca*
17. 凤头潜鸭 *Aythya fuligula*
18. 普通秋沙鸭 *Mergus merganser*

Ⅴ 隼形目 **FALCONIFORMES**

（五）鹗科 **Pandionidae**

19. 鹗 *Pandion haliaetus*

（六）鹰科 **Accipitridae**

20. 凤头蜂鹰 *Pernis ptilorhyncus*
21. 黑鸢 *Milvus lineatus*
22. 玉带海雕 *Haliaeetus leucoryphus*
23. 白尾海雕 *Haliaeetus albicilla*
24. 胡兀鹫 *Gypaetus barbatus*
25. 高山兀鹫 *Gyps himalayensis*
26. 秃鹫 *Aegypius monachus*
27. 兀鹫 *Gyps fulvus*
28. 蛇雕 *Spilornis cheela*
29. 白尾鹞 *Circus cyaneus*
30. 凤头鹰 *Accipiter trivirgatus*
31. 褐耳鹰 *Accipiter badius*
32. 松雀鹰 *Accipiter virgatus*
33. 雀鹰 *Accipiter nisus*
34. 苍鹰 *Accipiter gentilis*
35. 白眼鵟鹰 *Butastur teesa*
36. 普通鵟 *Buteo buteo*
37. 大鵟 *Buteo hemilasius*
38. 林雕 *Ictinaetus malayensis*
39. 乌雕 *Aquila clanga*
40. 草原雕 *Aquila nipalensis*
41. 金雕 *Aquila chrysaetos*
42. 靴隼雕 *Hieraaetus pannatus*
43. 鹰雕 *Spizaetus nipalensis*
44. 凤头鹰雕 *Spizaetus cirrhatus*

（七）隼科 **Falconidae**

45. 红隼 *Falco tinnunculus*
46. 灰背隼 *Falco columbarius*
47. 燕隼 *Falco subbuteo*
48. 猎隼 *Falco cherrug*

Ⅵ 鸡形目 **GALLIFORMES**

（八）雉科 **Phasianidae**

49. 雪鹑 *Lerwa lerwa*
50. 藏雪鸡 *Tetraogallus tibetanus*
51. 石鸡 *Alectoris chukar*
52. 高原山鹑 *Perdix hodgsoniae*
53. 鹌鹑 *Coturnix coturnix*
54. 环颈山鹧鸪 *Arborophila torqueola*
55. 红胸山鹧鸪 *Arborophila mandellii*
56. 血雉 *Ithaginis cruentus*
57. 红胸角雉 *Tragopan satyra*
58. 灰腹角雉 *Tragopan blythii*
59. 红腹角雉 *Tragopan temminckii*
60. 棕尾虹雉 *Lophophorus impejanus*
61. 黑鹇 *Lophura leucomelanos*
62. 藏马鸡 *Crossoptilon harmani*
63. 环颈雉 *Phasianus colchicus*

Ⅶ 鹤形目 **GRUIFORMES**

（九）鹤科 **Gruidae**

64. 灰鹤 *Grus grus*
65. 黑颈鹤 *Grus nigricollis*

（十）秧鸡科 **Rallidae**

66. 棕背田鸡 *Porzana bicolor*
67. 黑水鸡 *Gallinula chloropus*
68. 白骨顶 *Fulica atra*

Ⅷ 鸻形目 **CHARADRIIFORMES**

（十一）彩鹬科 **Rostratulidae**

69. 彩鹬 *Rostratula benghalensis*

（十二）鹮嘴鹬科 **Ibidorhynchidae**

70. 鹮嘴鹬 *Ibidorhyncha struthersii*

（十三）反嘴鹬科 **Recurvirostridae**

71. 黑翅长脚鹬 *Himantopus himantopus*

72. 反嘴鹬 *Recurvirostra avosetta*

（十四）燕鸻科 **Glareolidae**

73. 普通燕鸻 *Glareola maldivarum*

（十五）鸻科 **Charadriidae**

74. 凤头麦鸡 *Vanellus vanellus*

75. 金斑鸻（金鸻）*Pluvialis fulva*

76. 剑鸻 *Charadrius hiaticula*

77. 长嘴剑鸻 *Charadrius placidus*

77. 金眶鸻 *Charadrius dubius*

79. 蒙古沙鸻 *Charadrius mongolus*

（十六）鹬科 **Scolopacidae**

80. 丘鹬 *Scolopax rusticola*

81. 孤沙锥 *Gallinago solitaria*

82. 林沙锥 *Gallinago nemoricola*

83. 针尾沙锥 *Gallinago stenura*

84. 大沙锥 *Gallinago megala*

85. 扇尾沙锥 *Gallinago gallinago*

86. 中杓鹬 *Numenius phaeopus*

87. 白腰杓鹬 *Numenius arquata*

88. 鹤鹬 *Tringa totanus*

89. 红脚鹬 *Tringa totanus*

90. 青脚鹬 *Tringa nebularia*

91. 白腰草鹬 *Tringa ochropus*

92. 林鹬 *Tringa glareola*

93. 矶鹬 *Actitis hypoleucos*

94. 翻石鹬 *Arenaria interpres*

95. 三趾滨鹬 *Calidris alba*

96. 小滨鹬 *Calidris minuta*

97. 青脚滨鹬 *Calidris temminckii*

98. 弯嘴滨鹬 *Calidris ferruginea*

99. 流苏鹬 *Philomachus pugnax*

（十七）鸥科 **Laridae**

100. 渔鸥 *Larus ichthyaetus*

101. 棕头鸥 *Larus brunnicephalus*

102. 红嘴鸥 *Larus ridibundus*

（十八）燕鸥科 **Sternidae**

103. 普通燕鸥 *Sterna hirundo*

104. 黑腹燕鸥 *Sterna acuticauda*

105. 灰翅浮鸥 *Chlidonias hybrida*

IX 沙鸡目 **PTEROCLIFORMES**

（十九）沙鸡科 **Pteroclidae**

106. 西藏毛腿沙鸡 *Syrrhaptes tibetanus*

X 鸽形目 **COLUMBIFORMES**

（二十）鸠鸽科 **Columbidae**

107. 原鸽 *Columba livia*

108. 岩鸽 *Columba rupestris*

109. 雪鸽 *Columba leuconota*

110. 斑林鸽 *Columba hodgsonii*

111. 灰林鸽 *Columba pulchricollis*

112. 紫林鸽 *Columba punicea*

113. 欧斑鸠 *Streptopelia turtur*

114. 山斑鸠 *Streptopelia orientalis*

115. 灰斑鸠 *Streptopelia decaocto*

116. 火斑鸠 *Streptopelia tranquebarica*

117. 珠颈斑鸠 *Streptopelia chinensis*

118. 楔尾绿鸠 *Treron sphenura*

XI 鹃形目 **CUCULIFORMES**

（二十一）杜鹃科 **Cuculidae**

119. 斑翅凤头鹃 *Clamator jacobinus*

120. 大鹰鹃 *Cuculus sparverioides*

121. 四声杜鹃 *Cuculus micropterus*

122. 大杜鹃 *Cuculus canorus*

123. 中杜鹃 *Cuculus saturatus*

124. 小杜鹃 *Cuculus poliocephalus*

125. 八声杜鹃 *Cacomantis merulinus*

XII 鸮形目 **STRIGIFORMES**

（二十二）鸱鸮科 **Strigidae**

126. 雕鸮 *Bubo bubo*
127. 灰林鸮 *Strix aluco*
128. 领鸺鹠 *Glaucidium brodiei*
129. 斑头鸺鹠 *Glaucidium cuculoides*
130. 纵纹腹小鸮 *Athene noctua*
131. 长耳鸮 *Asio otus*
132. 短耳鸮 *Asio flammeus*

XIII 夜鹰目 **CAPRIMULGIFORMES**

（二十三）夜鹰科 **Caprimulgidae**

133. 普通夜鹰 *Caprimulgus indicus*
134. 林夜鹰 *Caprimulgus affinis*

XIV 雨燕目 **APODIFORMES**

（二十四）雨燕科 **Apodidae**

135. 短嘴金丝燕 *Aerodramus brevirostiris*
136. 普通楼燕 *Apus apus*
137. 白腰雨燕 *Apus pacificus*
138. 小白腰雨燕 *Apus affinis*

XV 佛法僧目 **CORACIIFORMRS**

（二十五）翠鸟科 **Alcedinidae**

139. 普通翠鸟 *Alcedo atthis*

（二十六）佛法僧科 **Coraciidae**

140. 蓝胸佛法僧 *Coracias garrulus*
141. 棕胸佛法僧 *Coracias benghalensis*

XVI 戴胜目 **UPUPIFORMES**

（二十七）戴胜科 **Upupidae**

142. 戴胜 *Upupa epops*

XVII 䴕形目 **PICIFORMES**

（二十八）须䴕科 **Capitonidae**

143. 大拟啄木鸟 *Megalaima virens*
144. 金喉拟啄木鸟 *Megalaima franklinii*

（二十九）响蜜䴕科 **Indicatoridae**

145. 黄腰响蜜䴕 *Indicator xanthonotus*

（三十）啄木鸟科 **Picidae**

146. 蚁䴕 *Jynx torquilla*
147. 斑姬啄木鸟 *Picumnus innominatus*
148. 棕腹啄木鸟 *Dendrocopos hyperythrus*
149. 黄颈啄木鸟 *Picoidse darjellensis*
150. 赤胸啄木鸟 *Picoides cathpharius*
151. 大黄冠啄木鸟 *Picus flavinucha*
152. 鳞腹绿啄木鸟 *Picus squamatus*
153. 灰头绿啄木鸟 *Picus canus*
154. 黄嘴栗啄木鸟 *Blythipicus pyrrhotis*
155. 棕额啄木鸟 *Dendrocopos auriceps*

XVIII 雀形目 **PASSERIFORMES**

（三十一）百灵科 **Alaudidae**

156. 长嘴百灵 *Melanocorypha maxima*
157. 细嘴短趾百灵 *Calandrella acutirostris*
158. 大短趾百灵 *Calandrella brachydactyla*
159. 短趾百灵 *Calandrella cheleensis*
160. 凤头百灵 *Galerida cristata*
161. 小云雀 *Alauda gulgula*
162. 角百灵 *Eremophila alpestris*

（三十二）燕科 **Hirundinidae**

163. 崖沙燕 *Riparia riparia*
164. 岩燕 *Ptyonoprogne rupestris*
165. 家燕 *Hirundo rustica*
166. 毛脚燕 *Delichon urbica*
167. 烟腹毛脚燕 *Delichon dasypus*
168. 黑喉毛脚燕 *Delichon nipalensis*

（三十三）鹡鸰科 **Motacillidae**

169. 白鹡鸰 *Motacilla alba*
170. 黄头鹡鸰 *Motacilla citreola*
171. 黄鹡鸰 *Motacilla flava**
172. 灰鹡鸰 *Motacilla cinerea*
173. 平原鹨 *Anthus campestris*
174. 布氏鹨 *Anthus godlewskii*
175. 林鹨 *Anthus trivialis*
176. 树鹨 *Anthus hodgsoni*
177. 粉红胸鹨 *Anthus roseatus*

（三十四）山椒鸟科 **Campephagidae**

178. 长尾山椒鸟 *Pericrocotus ethologus*
179. 短嘴山椒鸟 *Pericrocotus brevirostris*
180. 赤红山椒鸟 *Pericrocotus flammeus*
181. 灰喉山椒鸟 *Pericrocotus solaris*
（三十五）鹎科 **Pycnonotidae**
182. 白颊鹎 *Pycnonotus leucogenys*
183. 红耳鹎 *Pycnonotus jocosus*
184. 黑[短脚]鹎 *Hypsipetes leucocephalus*
（三十六）伯劳科 **Laniidae**
185. 棕背伯劳 *Lanius schach*
186. 灰背伯劳 *Lanius tephronotus*
（三十七）黄鹂科 **Oriolidae**
187. 黑头黄鹂 *Oriolus xanthornus*
188. 朱鹂 *Oriolus traillii*
189. 鹊鹂 *Oriolus mellianus*
（三十八）卷尾科 **Dicruridae**
190. 黑卷尾 *Dicrurus macrocercus*
191. 灰卷尾 *Dicrurus leucophaeus*
（三十九）椋鸟科 **Sturnidae**
192. 灰头椋鸟 *Sturnia malabarica*
（四十）鸦科 **Corvidae**
193. 黑头噪鸦 *Perisoreus internigrans*
194. 松鸦 *Garrulus glandarius*
195. 黄嘴蓝鹊 *Urocissa flavirostris*
196. 蓝绿鹊 *Cissa chinensis*
197. 灰树鹊 *Dendrocitta formosae*
198. 喜鹊 *Pica pica*
199. 星鸦 *Nucifraga caryocatactes*
200. 红嘴山鸦 *Pyrrhocorax pyrrhocorax*
201. 黄嘴山鸦 *Pyrrhocorax graculus*
202. 寒鸦 *Corvus monedula*
203. 家鸦 *Corvus splendens*
204. 大嘴乌鸦 *Corvus macrorhynchos*
205. 渡鸦 *Corvus corax*
（四十一）河乌科 **Cinclidae**

206. 河乌 *Cinclus cinclus*
207. 褐河乌 *Cinclus pallasii*
（四十二）鹪鹩科 **Troglodytidae**
208. 鹪鹩 *Troglodytes troglodytes*
（四十三）岩鹨科 **Prunellidae**
209. 领岩鹨 *Prunella collaris*
210. 高原岩鹨 *Prunella himalayana*
211. 鸲岩鹨 *Prunella rubeculoides*
212. 棕胸岩鹨 *Prunella strophiata*
213. 褐岩鹨 *Prunella fulvescens*
（四十四）鸫科 **Turdidae**
214. 蓝短翅鸫 *Brachyteryx montana*
215. 黑胸歌鸲 *Luscinia pectoralis*
216. 蓝喉歌鸲 *Luscinia svecicus*
217. 栗腹歌鸲 *Luscinia brunnea*
218. 蓝歌鸲 *Luscinia cyane*
219. 红胁蓝尾鸲 *Tarsiger cyanurus*
220. 金色林鸲 *Tarsiger chrysaeus*
221. 棕腹林鸲 *Tarsiger hyperythrus*
222. 赭红尾鸲 *Phoenicurus ochruros*
223. 黑喉红尾鸲 *Phoenicurus hodgsoni*
224. 白喉红尾鸲 *Phoenicurus schisticeps*
225. 北红尾鸲 *Phoenicurus auroreus*
226. 红腹红尾鸲 *Phoenicurus erythrogaster*
227. 蓝额红尾鸲 *Phoenicurus frontalis*
228. 红尾水鸲 *Rhyacornis fuliginosus*
229. 白顶溪鸲 *Chaimarrornis leucocephalus*
230. 白腹短翅鸲 *Hodgsonius phoenicuroides*
231. 蓝大翅鸲 *Grandala coelicolor*
232. 白尾蓝地鸲 *Myiomela leucurum*
233. 小燕尾 *Enicurus scouleri*
234. 黑背燕尾 *Enicurus immaculatus*
235. 斑背燕尾 *Enicurus maculatus*
236. 黑喉石䳭 *Saxicola torquata*
237. 灰林䳭 *Saxicola ferrea*

238. 漠䳭 *Oenanthe deserti*
239. 栗腹矶鸫 *Monticola rufiventris*
240. 蓝矶鸫 *Monticola solitarius*
241. 紫啸鸫 *Myophonus caeruleus*
242. 光背地鸫 *Zoothera mollissima*
243. 长尾地鸫 *Zoothera dixoni*
244. 虎斑地鸫 *Zoothera dauma*
245. 黑胸鸫 *Turdus dissimilis*
246. 白颈鸫 *Turdus albocinctus*
247. 灰翅鸫 *Turdus boulboul*
248. 乌鸫 *Turdus merula*
249. 灰头鸫 *Turdus rubrocanus*
250. 赤颈鸫 *Turdus ruficollis*

（四十五）鹟科 **Muscicapidae**

251. 乌鹟 *Muscicapa sibirica*
252. 北灰鹟 *Muscucapa dauurica*
253. 橙胸姬鹟 *Ficedula strophiata*
254. 棕胸蓝姬鹟 *Ficedula hyperythra*
255. 白眉蓝姬鹟 *Ficedula superciliaris*
256. 灰蓝姬鹟 *Ficedula tricolor*
257. 铜蓝鹟 *Eumyias thalassina*
258. 小仙鹟 *Niltava macgregoriae*
259. 棕腹仙鹟 *Niltava sundara*
260. 纯蓝仙鹟 *Cyornis unicolor*
261. 侏蓝仙鹟 *Muscicapella hodgsoni*
262. 方尾鹟 *Culicicapa ceylonensis*

（四十六）扇尾鹟科 **Rhipiduridae**

263. 黄腹扇尾鹟 *Rhipidura hypoxantha*
264. 白喉扇尾鹟 *Rhipidura albicollis*

（四十七）画眉科 **Timaliidae**

265. 白喉噪鹛 *Garrulax albogularis*
266. 条纹噪鹛 *Garrulax striatus*
267. 眼纹噪鹛 *Garrulax ocellatus*
268. 大噪鹛 *Garrulax maximus*
269. 细纹噪鹛 *Garrulax lineatus*
270. 纯色噪鹛 *Garrulax subunicolor*
271. 蓝翅噪鹛 *Garrulax squamatus*
272. 杂色噪鹛 *Garrulax variegates*
273. 灰腹噪鹛 *Garrulax henrici*
274. 黑顶噪鹛 *Garrulax affinis*
275. 红头噪鹛 *Garrulax erythrocephalus*
276. 斑胸钩嘴鹛 *Pomatorhinus erythrocnemis*
277. 棕颈钩嘴鹛 *Pomatorhinus ruficollis*
278. 鳞胸鹪鹛 *Pnoepyga albiventer*
279. 小鳞胸鹪鹛 *Pnoepyga pusilla*
280. 红嘴相思鸟 *Leiothrix lutea*
281. 红翅鵙鹛 *Pteruthius flaviscapis*
282. 淡绿鵙鹛 *Pteruthius xanthochlorus*
283. 栗喉鵙鹛 *Pteruthius melanotis*
284. 纹头斑翅鹛 *Actinodura nipalensis*
285. 纹胸斑翅鹛 *Actinodura waldeni*
286. 栗额斑翅鹛 *Actinodura egertoni*
287. 蓝翅希鹛 *Minla cyanouroptera*
288. 斑喉希鹛 *Minla strigula*
289. 金额雀鹛 *Alcippe variegaticeps*
290. 栗头雀鹛 *Alcippe castaneceps*
291. 白眉雀鹛 *Alcippe vinipectus*
292. 褐胁雀鹛 *Alcippe dubia*
293. 白眶雀鹛 *Alcippe nipalensis*
294. 黑顶奇鹛 *Heterophasia capistrata*
295. 黄颈凤鹛 *Yuhina flavicollis*
296. 纹喉凤鹛 *Yuhina gularis*
297. 棕臀凤鹛 *Yuhina occipitalis*
298. 火尾绿鹛 *Myzornis pyrrhoura*

（四十八）鸦雀科 **Paradoxornithidae**

299. 红嘴鸦雀 *Conostoma oemodium*
300. 褐鸦雀 *Paradoxornis unicolor*
301. 黑喉鸦雀 *Paradoxornis nipalensis*

（四十九）扇尾莺科 **Cisticolidae**

302. 山鹪莺 *Prinia criniger*

303. 灰胸山鹪莺 *Prinia hodgsonii*

（五十）莺科 **Sylviidae**

304. 栗头地莺 *Tesia castaneocoronata*
305. 金冠地莺 *Tesia olivea*
306. 灰腹地莺 *Tesia cyaniventer*
307. 淡脚树莺 *Cettia pallidipes*
308. 强脚树莺 *Cettia fortipes*
309. 大树莺 *Cettia major*
310. 异色树莺 *Cettia flavolivaceus*
311. 黄腹树莺 *Cettia acanthizoides*
312. 棕顶树莺 *Cettia brunnifrons*
313. 斑胸短翅莺 *Bradypterus thoracicus*
314. 花彩雀莺 *Leptopoecile sophiae*
315. 褐柳莺 *Phylloscopus fuscatus*
316. 黄腹柳莺 *Phylloscopus affinis*
317. 橙斑翅柳莺 *Phylloscopus pulcher*
318. 灰喉柳莺 *Phylloscopus maculipennis*
319. 淡黄腰柳莺 *Phylloscopus chloronotus*
320. 黄腰柳莺 *Phylloscopus proregulus*
321. 黄眉柳莺 *Phylloscopus inornatus*
322. 淡眉柳莺 *Phylloscopus humei*
323. 极北柳莺 *Phylloscopus borealis*
324. 暗绿柳莺 *Phylloscopus trochiloides*
325. 乌嘴柳莺 *Phylloscopus magnirostris*
326. 冕柳莺 *Phylloscopus coronatus*
327. 冠纹柳莺 *Phylloscopus reguloides*
328. 金眶鹟莺 *Seicercus burkii*
329. 韦氏鹟莺 *Seicercus whistleri*
330. 比氏鹟莺 *Seicercus valentini*
331. 灰头鹟莺 *Seicercus xanthoschistos*
332. 灰脸鹟莺 *Seicercus poliogenys*
333. 栗头鹟莺 *Seicercus castaniceps*
334. 黑脸鹟莺 *Abroscopus schisticeps*

（五十一）戴菊科 **Regulidae**

335. 戴菊 *Regulus regulus*

（五十二）绣眼鸟科 **Zosteropidae**

336. 暗绿绣眼鸟 *Zosterops japonicus*

（五十三）长尾山雀科 **Aegithalidae**

337. 红头长尾山雀 *Aegithalos concinnus*
338. 棕额长尾山雀 *Aegithalos iouschistos*

（五十四）山雀科 **Paridae**

339. 煤山雀 *Parus ater*
340. 黑冠山雀 *Parus rubidiventris*
341. 黄腹山雀 *Parus venustulus*
342. 褐冠山雀 *Parus dichrous*
343. 大山雀 *Parus major*
344. 绿背山雀 *Parus monticolus*
345. 地山雀 *Pseudopodoces humilis*
346. 黄眉林雀 *Sylviparus modestus*

（五十五）䴓科 **Sittidae**

347. 栗腹䴓 *Sitta castanea*
348. 白尾䴓 *Sitta himalayensis*

（五十六）旋壁雀科 **Trichodoninae**

349. 红翅旋壁雀 *Tichodroma muraria*

（五十七）旋木雀科 **Certhiidae**

350. 欧亚旋木雀 *Certhia familiaris*
351. 红腹旋木雀 *Certhia nipalensis*

（五十八）啄花鸟科 **Dicaeidae**

352. 红胸啄花鸟 *Dicaeum ignipectus*

（五十九）太阳鸟科 **Bombycillidae**

353. 蓝喉太阳鸟 *Aethopyga gouldiae*
354. 绿喉太阳鸟 *Aethopyga nipalensis*
355. 黑胸太阳鸟 *Aethopyga saturata*
356. 火尾太阳鸟 *Aethopyga ignicauda*

（六十）雀科 **Passeridae**

357. 家麻雀 *Passer domesticus*
358. 山麻雀 *Passer rutilans*
359. 麻雀 *Passer montanus*
360. 白斑翅雪雀 *Montifringilla nivalis*
361. 褐翅雪雀 *Montifringilla adamsi*

362. 白腰雪雀 *Onychostruthus taczanowskii*

363. 棕颈雪雀 *Pyrgilauda ruficollis*

364. 棕背雪雀 *Pyrgilauda blanfordi*

（六十一）燕雀科 **Frigillidae**

365. 岭雀 *Leucosticte nemoricola*

366. 高山岭雀 *Leucosticte brandti*

367. 红眉松雀 *Propyrrhula subhimachala*

368. 赤朱雀 *Carpodacus rubescens*

369. 暗胸朱雀 *Carpodacus nipalensis*

370. 普通朱雀 *Carpodacus erythrinus*

371. 粉眉朱雀 *Carpodacus rhodochrous*

372. 红眉朱雀 *Carpodacus pulcherrimus*

373. 曙红朱雀 *Carpodacus eos*

374. 酒红朱雀 *Carpodacus vinaceus*

375. 点翅朱雀 *Carpodacus rhodopeplus*

376. 白眉朱雀 *Carpodacus thura*

377. 拟大朱雀 *Carpodacus rubicilloides*

378. 大朱雀 *Carpodacus rubicilla*

379. 红胸朱雀 *Carpodacus puniceus*

380. 红交嘴雀 *Loxia curvirostra*

381. 高山金翅雀 *Carduelis spinoides*

382. 黄嘴朱顶雀 *Carduelis flavirostris*

383. 金额丝雀 *Serinus pusillus*

384. 红头灰雀 *Pyrrhula erythrocephala*

385. 黄颈拟蜡嘴雀 *Mycerobas affinis*

386. 白点翅拟蜡嘴雀 *Mycerobas melanozanthos*

387. 白斑翅拟蜡嘴雀 *Mycerobas carnipes*

388. 金枕黑雀 *Pyrrhoplectes epauletta*

389. 血雀 *Haematospiza sipahi*

（六十二）鹀科 **Emberizidae**

390. 淡灰眉岩鹀 *Emberiza cia*

哺乳类 MAMMALIA

Ⅰ 食虫目 **INSECTIVORA**

（一）鼩鼱科 **Soricidae**

1. 大爪长尾鼩 *Soriculus nigrescens*

2. 长尾鼩鼱 *Soriculus caudatus*

3. 灰麝鼩 *Crocidura attenuata*

Ⅱ 攀鼩目 **SCANDENTIA**

（二）树鼩科 **Tupaiidae**

4. 北树鼩 *Tupaia belangeri*

Ⅲ 翼手目 **CHIROPTERA**

（三）菊头蝠科 **Rhinolophidae**

5. 角菊头蝠 *Rhinolophus cornutus*

（四）蝙蝠科 **Vespertilionidae**

6. 喜马拉雅鼠耳蝠 *Myotis muricola*

7. 布氏鼠耳蝠 *Myotis brandtii*

8. 大足鼠耳蝠 *Myotis pilosus*

9. 长耳蝠 *Plecotus austriacus*

Ⅳ 灵长目 **PRIMATES**

（五）猴科 **Cercopithecidae**

10. 猕猴 *Macaca mulatta*

11. 熊猴 *Macaca assamensis*

12. 喜山长尾叶猴 *Semnopithecus schistaceus*

Ⅴ 鳞甲目 **PHOLIDOTA**

（六）鲮鲤科 **Manidae**

13. 穿山甲 *Manis pentadactyla*

Ⅵ 食肉目 **CARNIVORA**

（七）犬科 **Canidae**

14. 狼 *Canis lupus*

15. 赤狐 *Vulpes vulpes*

16. 藏狐 *Vulpes ferrilata*

17. 豺 *Cuon alpinus*

（八）熊科 **Ursidae**

18. 黑熊 *Ursus thibetanus*

19. 棕熊 *Ursus arctos*

（九）小熊猫科 **Ailuridae**

20. 小熊猫 *Ailurus fulgens*

（十）鼬科 **Nustelidae**

21. 青鼬 *Martes flavigula*

22. 石貂 *Martes foina*
23. 香鼬 *Mustela altaica*
24. 黄鼬 *Mustela sibirica*
25. 猪獾 *Arctonyx collaris*
26. 水獭 *Lutra lutra*
27. 小爪水獭 *Aonyx cinerea*

（十一）灵猫科 **Viverridae**

28. 大灵猫 *Viverra zibetha*
29. 小灵猫 *Viverricula indica*
30. 花面狸 *Paguma larvata*
31. 短尾狸 *Paguma lanigera*
32. 斑灵狸 *Prionodon pardicolor*

（十二）猫科 **Felidae**

33. 丛林猫 *Felis chaus*
34. 金猫 *Catopuma temminckii*
35. 豹猫 *Prionailurus bengalensis*
36. 猞猁 *Lynx lynx*
37. 豹 *Panthera pardus*
38. 雪豹 *Uncia uncia*

Ⅶ 奇蹄目 **PERISSODACTYLA**

（十三）马科 **Equidae**

39. 藏野驴 *Equus kiang*

Ⅷ 偶蹄目 **ARTIODACTYLA**

（十四）猪科 **Suidae**

40. 野猪 *Sus scrofa*

（十五）麝科 **Moschidae**

41. 马麝 *Moschus chrysogaster*
42. 林麝 *Moschus berezovskii*
43. 黑（褐）麝 *Moschus fuscus*
44. 喜马拉雅麝 *Moschus leucogaster*

（十六）鹿科 **Cervidae**

45. 赤鹿 *Muntiacus muntjak*
46. 马鹿 *Cervus elaphus*

（十七）牛科 **Bovidae**

47. 野牦牛 *Bos mutus*

48. 藏原羚 *Procapra picticaudata*
49. 鬣羚 *Capricornis sumatraensis*
50. 喜马拉雅斑羚 *Naemorhedus goral*
51. 红斑羚 *Naemorhedus baileyi*
52. 喜马拉雅塔尔羊 *Hemitragus jemlahicus*
53. 岩羊 *Pseudois nayaur*
54. 盘羊 *Ovis ammon*

Ⅸ 啮齿目 **RODENTIA**

（十八）松鼠科 **Sciuridae**

55. 赤腹松鼠 *Callosciurus erythraeus*
56. 橙腹长吻松鼠 *Dremomys lokriah*
57. 喜马拉雅旱獭 *Marmota himalayana*
58. 栗褐鼯鼠 *Petaurista magnificus*

（十九）仓鼠科 **Cricetidae**

59. 藏仓鼠 *Cricetulus kamensis*
60. 斯氏高山䶄 *Alticola stoliczkanus*
61. 库蒙高山䶄 *Alticola stracheyinus*
62. 白尾松田鼠 *Phaiomys leucurus*
63. 锡金松田鼠 *Neodon sikimensis*

（二十）鼠科 **Muridae**

64. 黑家鼠 *Rattus rattus*
65. 黄胸鼠 *Rattus tanezumi*
66. 大足鼠 *Rattus nitidus*
67. 拟家鼠 *Rattus pyctoris*
68. 针毛鼠 *Niviventer fulvescens*
69. 灰腹鼠 *Niviventer eha*
70. 小家鼠 *Mus musculus*
71. 长尾攀鼠未定种 *Vandeleuria* sp.
72. 笔尾树鼠未定种 *Chiropodomys* sp.
73. 壮鼠未定种 *Hadromys* sp.

（二十一）豪猪科 **Hystricidae**

74. 豪猪 *Hystrix brachyura*

Ⅹ 兔形目 **LAGOMORPHA**

（二十二）鼠兔科 **Ochotonidae**

75. 间颅鼠兔 *Ochotona cansus*

76. 高原鼠兔 *Ochotona curzoniae*

77. 藏鼠兔 *Ochotona thibetana*

78. 喜马拉雅鼠兔 *Ochotona himalayana*

79. 灰鼠兔 *Ochotona roylei*

80. 大耳鼠兔 *Ochotona macrotis*

（二十三）兔科 **Leporidae**

81. 高原兔 *Lepus oiostolus*

去珠峰路上的盘山路　摄影 / 陈邵峰

附录 II 珠穆朗玛峰国家级自然保护区功能区划图

Appendix 2 Zoning Map of Mt. Qomolangma National Nature Reserve

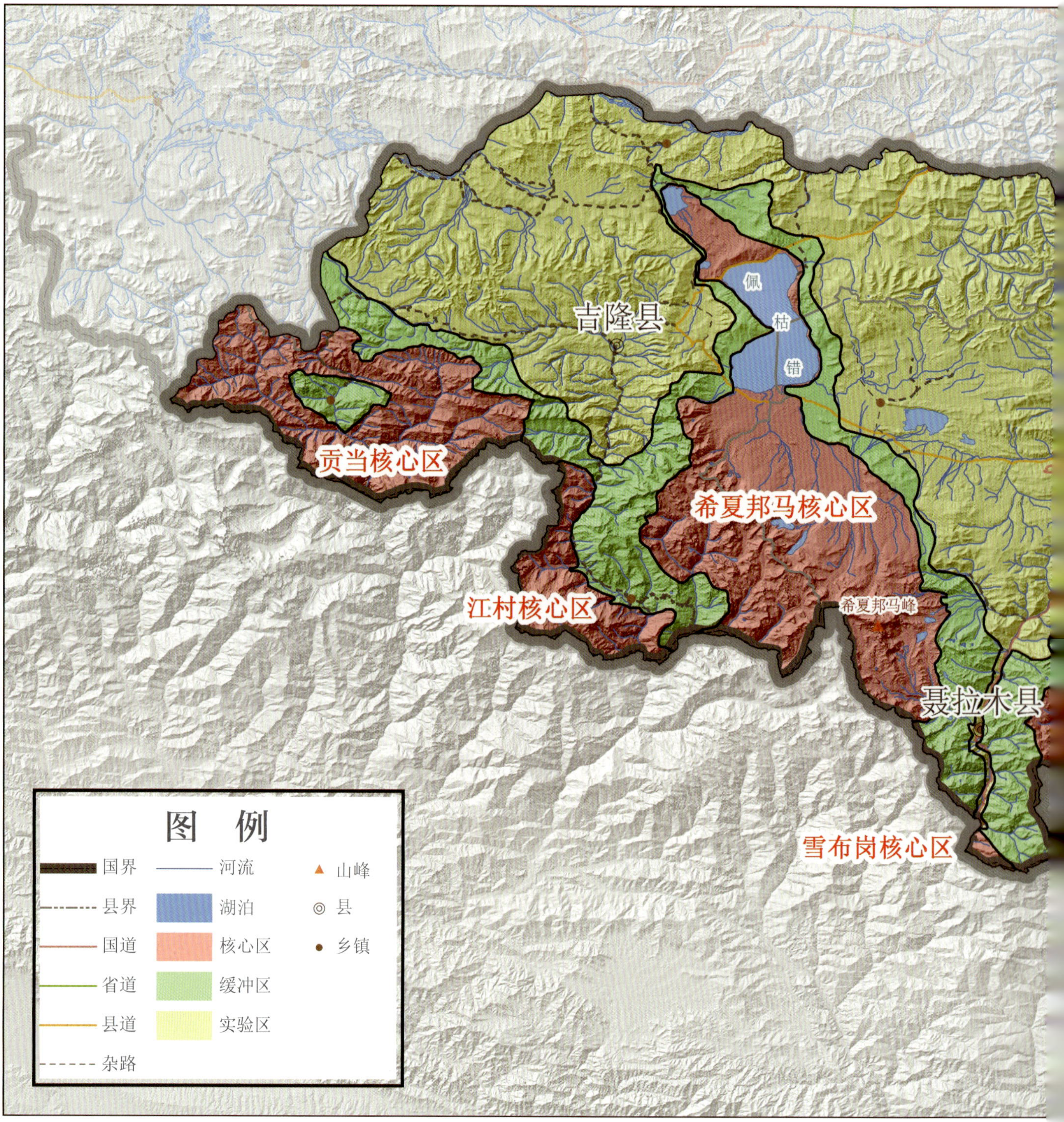

附录 II 珠穆朗玛峰国家级自然保护区功能区划图
Appendix 2 Zoning Map of Mt. Qomolangma National Nature Reserve